Herbert Rhein
Todesart: nicht natürlich

Gerichtsmediziner im Kampf gegen das Verbrechen

Herbert Rhein

Todesart: nicht natürlich

Gerichtsmediziner im Kampf gegen das Verbrechen

MOEWIG

www.moewig.de
Originalausgabe

Umschlagfoto: Getty Images, München
Printed in Germany
ISBN 10: 3-8118-3028-7
ISBN 13: 978-3-8118-3028-8

Inhalt

Vorwort

So mancher mag beim Thema Forensik an die Fernsehsendung *Quincy* denken, in der ein findiger Rechtsmediziner noch Tage später, nachdem die Experten der Spurensicherung den Tatort bereits Millimeter für Millimeter abgesucht haben, Zeugen befragt. Und dann tatsächlich Hinweise findet, mit denen er in brillanten Schlussfolgerungen den Täter überführt. Schön wär's! Doch zwischen Film oder Fernsehen und der Wirklichkeit liegen Welten. Ich will damit nicht sagen, dass es die brillanten Rechtsmediziner nicht gibt – im Gegenteil, es gibt sie, sonst würden viele Verbrechen nicht aufgeklärt werden –, aber ihre Arbeitsmethoden sind andere. Ihr Feld sind die wissenschaftliche Analyse, der Seziertisch, das Labor, die hoch komplizierten, technischen Geräte, die Universitätsbibliotheken.

Verbrechensbekämpfung ist nicht mehr die Arbeit eines einsamen Wolfes, eines Hercule Poirot oder einer Miss Marple, die schwierigste Fälle durch eigenes Kombinationsvermögen lösen. Moderne Strafverfolgung besteht aus dem reibungslosen Zusammenspiel von unterschiedlichen Kräften:

– Die uniformierte Polizei, die gewöhnlich als Erste am Ort des Geschehens ist, sichert den Tatort und verhindert, dass wertvolle Spuren vernichtet werden.

- Die Kriminalpolizei setzt die Vielzahl der Spuren zu einem Bild zusammen, filtert die Wahrheit aus einer Vielzahl von Zeugenaussagen heraus, ermittelt das Motiv und stellt letztlich den Täter.
- Die Staatsanwaltschaft leitet die Ermittlungsarbeiten, beantragt Durchsuchungs- und Haftbefehle und koordiniert die Zusammenarbeit mit anderen Behörden.
- Die Rechtsmedizin kommt immer dann zum Einsatz, wenn Menschen zu Schaden gekommen sind. Sie muss nicht nur die Frage nach Todeszeit und Todesart beantworten, sondern auch die Frage, ob es sich um einen Unfall, Selbstmord oder Mord handelt. Ihre Aufgabe ist besonders schwer, denn sie muss objektiv arbeiten. Die Ärzte und Ärztinnen müssen, selbst wenn ein kleines Mädchen auf bestialische Art vergewaltigt und anschließend ermordet wurde, ihre Gefühle bezwingen, um wissenschaftlich einwandfreie Arbeit zu leisten. Sie müssen ohne Ansehen der Person alles aufdecken – das belastende, aber auch das entlastende Material. In besonders emotionalen Fällen ist das eine fast übermenschliche Leistung.
- Die forensischen Wissenschaftler anderer Disziplinen – wie Anthropologie, Ethnologie, Entomologie, Psychologie, Soziologie, Biologie, Mikrobiologie, Chemie, Physik und so weiter – entdecken und analysieren die teilweise mikroskopisch kleinen Spuren und ordnen sie einem Gesamtzusammenhang zu.

Nur wenn all diese Institutionen reibungslos wie ein Uhrwerk zusammenarbeiten, kann die Ermittlungsarbeit mit der Bestrafung des oder der Täter abgeschlossen werden.

Es sollen in diesem Zusammenhang aber auch die Opfer und deren Angehörige erwähnt werden. Im Gegensatz zu den Tätern, die durch staatliche Maßnahmen und mit unseren Steuergeldern strafbegleitend resozialisiert werden, sind sie vergessen. Keine staatliche Organisation kümmert es, ob eine entführte

Person noch Jahre nach der Tat von Albträumen geplagt in psychiatrischer Behandlung ist oder eine vergewaltigte Frau durch die Tat unfähig zu einer normalen partnerschaftlichen Beziehung ist.

Um ihren Gefühlen wenigstens ein wenig gerecht zu werden und um sie vor Neugierigen zu schützen, sind die in diesem Buch dargestellten Fälle so verändert worden, dass sie keine Rückschlüsse auf noch lebende Personen zulassen. Die hervorragenden Leistungen der Rechtsmediziner und des gesamten Ermittlungsapparates sind dadurch nicht geschmälert worden.

KAPITEL 1

TOD IM WASSER – UNFALL ODER MORD?

Eine Frauenleiche im stillgelegten Hafenbecken

Jens Moormann war Junggeselle und Leiter einer Bankfiliale. Obwohl er über 40 Jahre war, lebte er noch gemeinsam mit seiner Mutter in deren Drei-Zimmer-Wohnung. Eine Lebensgefährtin oder feste Freundin hatte er nicht. Ab und zu hatte er sich mit dieser oder jener Frau getroffen, ohne dass es zu einem engeren Verhältnis gekommen wäre. Dabei war er liebenswürdig, hilfsbereit und verdiente gut – Eigenschaften und Tatsachen, die eine Frau im Allgemeinen zu schätzen weiß. Störend war das enge Verhältnis zu seiner Mutter und die Unfähigkeit der beiden, sich voneinander zu lösen.

Eine Leidenschaft besaß er jedoch, gegen die auch seine Mutter nicht ankommen konnte: Er war begeisterter Angler. Wann immer es seine Zeit erlaubte, fuhr er zum Angeln. Vor allem die Wochenenden waren diesem Vergnügen gewidmet. Es ging ihm dabei nicht so sehr um das Fischefangen, sondern vielmehr darum, sich ungestört seinen Träumen hingeben zu können. Manchmal begleitete ihn ein Freund aus dem Angelverein bei seinen Ausflügen. Da dieser ein schweigsamer Mensch war, störten sich die beiden gegenseitig nicht.

Am Samstag, dem 15. Oktober, hatten sich die Männer ebenfalls zum Angeln verabredet. Gegen 5 Uhr morgens holte Jens Moormann seinen Freund mit dem Auto ab. Ihr Ziel war ein Hafenbecken, das nicht mehr genutzt wurde. Es war Jens Moormanns Lieblingsplatz. Er kannte die Wasserbedingungen, die Tiefe des Beckens, den Wasserstand bei Ebbe und Flut, die Strömungen. Außerdem wusste er, auf welche Köder die Fische bei welchem Wetter gehen würden.

Das Wetter an diesem Morgen ließ einen schönen Herbsttag erwarten: gut für Gartenfreude und Spaziergänger, schlecht für Angler, denn die Fische würden kaum beißen. Trotzdem ließen sich die beiden Freunde nicht von ihrem Vorhaben abhalten. Jens Moormann parkte sein Auto wie gewöhnlich am Eingang zum Hafenbecken und wollte zu dem Platz gehen, an dem er gewöhnlich angelte. Doch heute hielt ihn sein Freund davon ab; er hatte sich neues Angelgerät gekauft und wollte es ausprobieren. Dazu eignete sich seiner Meinung nach am besten der Platz auf dem alten reparaturbedürftigen Ponton auf der anderen Seite des Hafenbeckens. Nur widerstrebend stimmte Jens Moormann zu. Sein Begleiter, der sich bei Moormann nach dem Grund für dessen ablehnendes Verhalten erkundigte, erhielt eine ausweichende Antwort.

Die Männer kletterten die eiserne Leiter, die in die Wand des Kais eingelassen war, hinunter und betraten den Holzponton. Er begann unter ihren Schritten zu schwanken.

Die beiden Angler ordneten ihre Geräte und warfen die Angeln aus. Während Jens Moormann sein Blei weit hinaus in das Hafenbecken warf, probierte sein Freund seine Geräte in Nähe des Pontons aus. Nach etwa einer halben Stunde hatte dieser offenbar etwas am Haken. Als er versuchte, die Angelschnur einzuholen, bog sich die Angelrute immer weiter durch. Plötzlich gab sie nach und schnellte nach oben. Aus dem trüben Wasser tauchte ein roter Frauenschuh auf.

Der Fang wurde, wie nicht anders zu erwarten gewesen war, mit Gelächter und ein paar lustigen Sprüchen auf den Ponton geholt. Während sich die Männer den Schuh näher ansahen, wurden sie ernster. Jens Moormann schätzte den Frauenschuh auf Größe 37 oder 38. Eine Weile diskutierten sie die Frage, wie der offensichtlich nur wenig getragene Schuh wohl in das abgelegene, nicht mehr benutzte Hafenbecken gekommen sein könnte. Beide Männer warfen ihre Angeln noch ein paar Mal aus, ohne dabei einen Fisch zu fangen oder weitere Gegenstände ans Tageslicht zu fördern. Sie fischten im wahrsten Sinne des Wortes im Trüben, denn sehen konnte man in dem schlickigen Wasser sowieso keine 10 Zentimeter tief. Nachdem sie sich mehrere Szenarien ausgemalt hatten, griff Jens Moormanns Freund zum Mobiltelefon, rief die Polizei an und meldete den Fund des roten Frauenschuhs.

Der Beamte am Telefon versprach, einen Streifenwagen vorbeizuschicken, und forderte die beiden Männer auf, am Fundort zu warten. Sie verkürzten sich die Wartezeit, indem sie versuchten, weitere Gegenstände mit ihren Angeln zu bergen. Nachdem sie die Polizei informiert hatten, kamen sie sich plötzlich albern und kindisch vor – wie Jungs, mit denen die Fantasie durchgegangen war.

Es war schließlich Jens Moormanns Angel, die sich an irgendetwas verfing. Wie seinem Freund gelang es ihm erst nach kräftigem Ziehen und Rucken, den Haken wieder freizubekommen. Er förderte allerdings nichts Größeres zutage. Erst als er den Angelhaken näher betrachtete, glaubte er, ein kleines Stück eines bräunlichen Geflechts und darunter am Widerhaken eine bleiche Substanz zu erkennen. Es sah aus, als hätte der Haken irgendwo einen kleinen Fetzen Haut mit Fleisch daran herausgerissen. Moormanns Freund, der den Haken ebenfalls untersuchte, kam zu demselben Schluss. Beide Männer beschlich ein beklemmendes Gefühl.

Etwa zehn Minuten später traf der Streifenwagen ein. Ein Beamter und eine Beamtin kletterten auf den Ponton hinunter. Jens

Moormann zeigte den Beamten den Schuh und den Angelhaken mit der nicht klar zu identifizierenden Substanz. Die Beamten ließen sich erklären, wo genau die beiden Männer den Schuh aus dem Wasser gefischt hatten und wo Jens Moormann die Angel zuletzt ausgeworfen hatte. Dann forderten sie sie auf, alles so zu belassen, zu ihrem Auto zurückzugehen und dort auf weitere Anweisungen zu warten. Während die beiden die Eisenstufen emporkletterten, hörten sie, dass die Polizeibeamtin den Sachverhalt weiterleitete.

Innerhalb der nächsten halben Stunde trafen weitere Streifenwagen und Zivilfahrzeuge am Fundort ein. Sie hielten direkt oberhalb des Pontons. Um die Angler kümmerte sich niemand mehr. Erst nach einer weiteren Stunde kam ein Herr in Zivil auf sie zu. Er stellte sich als Kriminalhauptkommissar Steiner von der Mordkommission Hamburg vor und ließ sich von beiden Männern – unabhängig voneinander und jeweils außerhalb der Hörweite des anderen – den Sachverhalt berichten. Danach forderte er sie auf, am Montagmorgen ins Polizeipräsidium zu kommen, um dort ihre Aussage zu Protokoll zu geben. Dort würde ihnen auch ihre Angelausrüstung wieder ausgehändigt werden.

Kriminalhauptkommissar Steiner, der ermittelnde Beamte, beriet sich an Ort und Stelle mit dem Vertreter der Staatsanwaltschaft. Beide waren davon überzeugt, dass es sich bei den Spuren am Angelhaken um Haut- und Fleischfetzen handelte. Außerdem konnte man bei genauer Betrachtung noch ein Stück eines Gewebes erkennen, das zu einer Nylonstrumpfhose gehören konnte. Eine Annahme, die von dem Polizeiarzt, der inzwischen eingetroffen war, bestätigt wurde. Nach Ansicht von Kriminalhauptkommissar Steiner hatte sich der Angelhaken in einer Strumpfhose verfangen und, während der Angler versuchte, den Haken wieder freizubekommen, nicht nur die Strumpfhose zerrissen, sondern auch ein Stück aus dem darunterliegenden Fleisch herausgerissen.

Das Gelände um den stillgelegten Hafen wurde weiträumig abgesperrt. Auf dem Wasser übernahm die Wasserschutzpolizei diese Aufgabe. Der Vertreter der Staatsanwaltschaft hatte inzwischen Polizeitaucher angefordert. Bis sie eintrafen, vergingen über zwei Stunden, in denen die Beamten vor Ort nichts weiter tun konnten als abzuwarten.

Kurz nach 13 Uhr ließen sich zwei Taucher vom Ponton aus ins Wasser gleiten. Sie konnten trotz der starken Lampen höchstens einen halben Meter weit sehen. Dennoch dauerte es nicht lange, bis die Taucher meldeten, dass sie etwas gefunden hätten. Nachdem sie den Fundort genau betrachtet hatten, machten sie detaillierte Angaben zu dem, was sie entdeckt hatten. Demnach befand sich auf dem Boden des Hafenbeckens, etwa 3 Meter unter der Wasseroberfläche, der Körper einer weiblichen Person. Auf ihr lag ein Damenfahrrad, das verhinderte, dass der Frauenkörper zur Wasseroberfläche aufsteigen konnte.

Die Taucher machten, soweit die Sicht es zuließ, mit einer Unterwasserkamera Aufnahmen von dem Fund. Danach wurden sowohl Fahrrad als auch Leiche zum Ponton gebracht und auf die Plattform gehoben. Das Fahrrad war unverhältnismäßig schwer und die Männer mussten kräftig zupacken, um es aus dem Wasser zu hieven. Die Tote mochte, grob geschätzt, Anfang 30 gewesen sein. Sie war schlank und hatte rote, wahrscheinlich gefärbte Haare. Äußere Anzeichen von Gewalt waren auf den ersten Blick nicht zu erkennen. Bekleidet war sie mit einem sommerlichen Kleid. Darüber trug sie eine Jeansjacke. Über der Taille befand sich ein etwa 3 Zentimeter breiter, schwarzer Lackgürtel. Die Beine waren von einer Nylonstrumpfhose bedeckt, die an beiden Beinen an mehreren Stellen zerrissen war. Die Spuren konnten von den Angelhaken stammen, mit denen die Männer nach weiteren Fundstücken gefischt hatten. Am linken Fuß saß ein roter Laufschuh mit Klettverschluss. Er passte zu dem Schuh, den Moormanns Freund aus dem Wasser gezogen hatte. Die Haare waren zu einer Kurzhaarfrisur geschnitten, wie sie zurzeit in Mode war. Die Frau hatte außerdem Ohrstecker getragen. Es handelte sich dabei – genauso wie bei der breiten Halskette – um Modeschmuck: schön anzusehen, aber nichts Kostspieliges. Ringe trug die weibliche Leiche keine, am Handgelenk allerdings hing ein goldfarbenes Panzerarmband mit einem ebenfalls goldfarbenen, etwa 2 Zentimeter langen Metallplättchen. Auf der Unterseite war der Name »Karsten« eingraviert.

Für den Polizeiarzt stand nach kurzer Untersuchung fest, dass die Frau ertrunken war: An ihrem Mund und um ihre Nase herum begann sich der für Ertrunkene typische pilzförmige Schaum zu bilden. Dieser Schaum entsteht nur, wenn sich während des Ertrinkens das eindringende Wasser mit körpereigenen Sekreten vermischt und dabei von Atembewegungen beeinflusst wird. Der Arzt winkte den Fotografen heran, damit er den Zustand der Leiche im Bild festhielt. Die Aufnahmen mussten zügig gemacht werden, weil der Schaum schnell eintrocknete.

Bei dem Fahrrad handelte es sich um ein Damenfahrrad – ein No-Name-Produkt, wie es zum Beispiel in Baumärkten angeboten wurde. Die Ausstattung war einfach. Als einziges Extra besaß es eine Fünf-Gang-Nabenschaltung. Das Fahrrad war in einem guten Zustand. Stellen, an denen der Lack abgesplittert war, wurden bei der ersten Untersuchung nicht gefunden. Die Kette war gefettet und die Beleuchtung vollständig. Sie funktionierte jedoch nicht, was daran liegen mochte, dass das Rad im Wasser gelegen hatte. Insgesamt ließ der Zustand des Fahrrades darauf schließen, dass es nur von *einer* Frau benutzt worden war. Eine Besonderheit wies das Rad jedoch auf: Am Gepäckträger waren zwei große, blaue Satteltaschen aus Nylon befestigt, die prall mit Katalogen gefüllt waren. Möglicherweise war die Frau auf dem Weg zu einem Papiercontainer gewesen, als sie, wie auch immer, in das Hafenbecken stürzte. Kriminalhauptkommissar Steiner, der die Satteltaschen leerte, stellte leicht verwundert fest, dass sich teilweise bis zu vier Katalogen von derselben Firma und demselben Jahrgang in den Taschen befanden. Es war unwahrscheinlich, dass diese alle aus einem Haushalt stammten.

Der Polizeiarzt hatte den Leichnam inzwischen untersucht.

Nach seinem vorläufigen Befund hatte die Frau etwa eine Woche im Wasser gelegen. Sie wies keine äußerlichen Verletzungen auf und schien auch nicht vergewaltigt worden zu sein, jedenfalls hatte der Arzt keine der üblichen Merkmale, die auf eine Vergewaltigung schließen ließen, im Schambereich feststellen können. Die einzige Wunde, die es gab, war ein 2 Zentimeter langer Riss am Oberschenkel der Toten. Er war jedoch mit Sicherheit nach ihrem Tod entstanden und dürfte durch einen Angelhaken verursacht worden sein. – In der Zwischenzeit war auch der Bereich um das Hafenbecken nach möglichen Spuren abgesucht worden, die zur Aufklärung des Falles beitragen konnten. Das Ergebnis war negativ: Man hatte nichts Verwertbares gefunden.

Gegen 15 Uhr nachmittags wurden die Absperrungen entfernt. Das Fahrrad kam in die polizeitechnische Untersuchungsstelle und der Leichnam wurde in die Gerichtsmedizin gebracht. Die Identität der Toten konnte nicht festgestellt werden, da die Frau keine Papiere bei sich trug und man auch keine Handtasche gefunden hatte. Die Kleidung gab ebenfalls keinen Hinweis auf ihre Person. Kriminalhauptkommissar Steiner fuhr nach Hause, um mit seiner Familie das wohlverdiente Wochenende zu genießen. Für ihn hatte die Aufklärung des Falls keine Priorität und außerdem waren alle Spuren sichergestellt. Es gab auch keinen Hinweis auf ein Kapitalverbrechen, und Angehörige konnten zu dem Zeitpunkt wegen der nicht festgestellten Identität nicht verständigt werden. Anders in der Rechtsmedizin: Pathologe Dr. Janik war Junggeselle. Er hatte an diesem Wochenende nichts Privates vor und so machte er sich gleich an die Obduktion der Leiche. Auf die Hilfe seines Assistenten verzichtete er, da er ihm das Wochenende nicht verderben wollte. Nachdem er den Frauenkörper noch einmal gründlich von Kopf bis Fuß untersucht hatte, entkleidete er ihn. Die Sachen kamen in einen Plastiksack, der am Montag ins polizeitechnische Labor gebracht werden musste. Dann reinigte Dr. Janik den Leichnam gründlich und sammelte die von einem Sieb aufgefangenen festen Bestandteile in einem Plastikbeutel – sie sollten ebenfalls im Polizeilabor untersucht werden. Als er mit den Vorarbeiten fertig war, öffnete er die Leiche. Das Ergebnis bestätigte seine Untersuchung auf dem Ponton.

Die Tote war Anfang 30, 1,69 Meter groß, schlank, hatte keine Narben oder sonstige Verletzungen und keinen Geschlechtsverkehr kurz vor ihrem Tod gehabt. Auch eine versuchte Vergewaltigung war auszuschließen. Die Befunde der Organe und des Gehirns waren unauffällig. Die Frau hatte zu Lebzeiten über eine ihrem Alter entsprechende gute Gesundheit verfügt. Die Lunge zeigte die für Ertrunkene typische Überdehnung und die rötlichen Plattauf'schen Flecken. Die Frau war daher mit an Sicherheit grenzender Wahrscheinlichkeit im Hafenbecken ertrunken. Eine andere Todesursache war auszuschließen. Nachdem der Pathologe Blut, andere Körperflüssigkeiten, Gewebeproben, Proben des Mageninhaltes und der Gehirnzellen in Glasröhrchen gegeben hatte, um auch diese am Montag ins Polizeilabor zu schicken, ging er nach Hause. Auf dem Weg dorthin machte er bei seiner Stammkneipe halt, um bei einem Bier Abstand von der Arbeit zu gewinnen.

Am Montagmorgen liefen bei der Kriminalpolizei die Routineermittlungen an: Es wurde recherchiert, ob es Frauen gab, die der Ertrunkenen ähnelten und vor etwa einer Woche als vermisst gemeldet worden waren. Das Ergebnis war negativ. Man fand niemanden, auf den die Beschreibung passte. Gegen 10 Uhr kam Jens Moormann mit seinem Freund ins Präsidium. Ein Protokoll wurde geschrieben und von beiden unterzeichnet. Kriminalhauptkommissar Steiner wollte die beiden Zeugen gerade entlassen, als ihm noch etwas einfiel. Er nahm ein Bild der Toten aus einer Akte und fragte die Männer, ob sie die Frau gekannt hätten. Während Jens Moormanns Freund die Frage spontan verneinte, zögerte Moormann – nicht länger als für den Bruchteil einer Sekunde – mit der Antwort, die dann aber ebenfalls Nein lautete. Das kurze Zögern war seinem Freund sicherlich gar nicht aufgefallen, dem erfahrenen Kriminalkommissar jedoch nicht entgangen. Der fragte noch zwei weitere Male nach, doch Moormann blieb dabei, dass er die Frau nicht gekannt habe.

Gegen Mittag rief Dr. Janik bei Kriminalhauptkommissar Steiner an und teilte ihm die Ergebnisse der Obduktion mit. Bei der Frage, ob es sich um einen Unfall oder ein Verbrechen handelte, wollte er sich nicht festlegen. Alles, was er sagen konnte, war, dass die Frau mit Sicherheit ertrunken war. Für Kriminalhauptkommissar Steiner stand zu diesem Zeitpunkt fest, dass es ein Unfall gewesen sein musste. Er wartete die Ergebnisse der Untersuchungen im Labor ab, die den Befund des Pathologen bestätigten: Überall im Körper waren Kieselalgen gefunden worden. Das Einzige, was ihn an einem Unfalltod hätte zweifeln lassen können, war der Umstand, dass im Körper der Leiche eine hohe Konzentration eines Beruhigungsmittels festgestellt worden war. Da es für die Einnahme von Beruhigungsmitteln viele Gründe geben mochte und sich auf seinem Schreibtisch die ungelösten Fälle stapelten, legte er diesen Fall zu den Akten: Unfalltod ohne Fremdverschulden.

Auch dieser Bericht würde hier enden, wenn nicht Dr. Janik gewesen wäre. Er stand nicht so unter Stress wie der Kriminalhauptkommissar und hatte mehr Zeit nachzudenken. Er verspürte eher ein Gefühl, dass an diesem Unfall etwas nicht stimmen konnte, als dass es dafür irgendwelche Anzeichen gegeben hätte. Vor allem beschäftigte ihn die Frage, warum die Frau eine so hohe Dosis Beruhigungsmittel eingenommen hatte. Was ihre körperliche Konstitution anbelangte, so gab es dafür keinen Grund. Sicher konnte die psychische Verfassung die Ursache gewesen sein – doch jemand, der eine so hohe Dosis zu sich genommen hatte, würde nicht mehr mit dem Fahrrad fahren. Und er würde sich vermutlich schon gar nicht in eine so abgelegene Gegend wie das stillgelegte Hafenbecken begeben. Auch dass er mit einer so hohen Dosis Beruhigungsmittel im Blut Altpapier entsorgen würde, war höchst unwahrscheinlich. Und noch etwas stimmte ihn nachdenklich: Die Tote wies keine äußeren Verletzungen auf. Normalerweise hätte er erwartet, dass am Kopf Schürfspuren zu finden wären.

Wasserleichen drehen sich im Wasser, sodass sie in Bauchlage zu liegen kommen. Dabei bleibt der schwere Kopf normalerweise auf dem Boden, während sich die Teile des Körpers, die viel Gas enthalten, wie zum Beispiel der Bauchraum, im Wasser anheben und durch die Bewegungen des Wassers gedreht werden. Der Kopf wird dabei über den Boden geschleift, was unweigerlich zu Verletzungen führt.

Bei der Toten war das nicht möglich gewesen, weil das Fahrrad, das zudem durch die Kataloge beschwert gewesen war, auf ihr gelegen hatte. Außerdem störte ihn Folgendes: Wenn die Tote mit dem Fahrrad in das Becken gestürzt wäre, dann hätte man damit rechnen können, dass sie sich dabei verletzt hätte, zumal das Fahrrad auf ihr zu liegen gekommen war. Auch dass die Leiche in einiger Entfernung zu der Kaimauer gelegen hatte, passte nicht in das Bild, das sich langsam in seinem Kopf zu formen begann.

Nach zwei weiteren Tagen war er sicher, auch wenn er keine eindeutigen Beweise anführen konnte: Es konnte kein Unfall gewesen sein. Er verabredete sich mit Kriminalkommissar Steiner zum Essen in der Kantine und legte ihm seinen Gedankengang dar. Der Kommissar, der mittlerweile selbst gezweifelt hatte, ob es richtig gewesen war, den Fall als Unfall zu den Akten zu legen, musste zugeben, dass einiges für die Überlegungen von Dr. Janik sprach, besonders als ihm wieder einfiel, wie Jens Moormann bei der Frage, ob er die Frau gekannt habe, kurz mit seiner Antwort gezögert hatte. Er versprach dem Pathologen, noch ein paar Ermittlungen anzustellen, bevor er sich entscheiden würde, ob es Sinn mache, den Fall erneut aufzurollen. Vor allem galt es aber, die Identität der Toten herauszufinden.

Noch am gleichen Tag schickte er einen Kriminalbeamten mit einem Foto der Toten zu Jens Moormann. Der Beamte suchte den Filialleiter in seiner Bank auf, was Jens Moormann sichtbar unangenehm war. Der erfahrene Kriminalbeamte wusste die Nervosität seines Gegenübers geschickt auszunutzen und so dauerte es nicht lange, bis Jens Moormann zugab, die Frau doch gekannt zu haben. Er sagte, dass er, als er die Frau auf dem Bild gesehen habe, einen Schock bekommen habe. Sie war nicht nur eine Kundin seiner Bank, sondern er hatte vor zwei Jahren ein loses Verhältnis mit ihr gehabt und war bis heute gut mit ihr bekannt gewesen. Auf die Frage, ob er sie nicht vermisst hätte, gab er an, dass ihre Bekanntschaft nur sehr lose gewesen sei und er Brigitte Fahrenkroog nur gelegentlich gesehen habe, meistens dann, wenn sie in seine Bank kam, um Geld abzuheben. Vor drei Wochen hatte er sie zum letzten Mal gesehen. Damals hatten sie zusammen in der Bäckerei um die Ecke einen Kaffee getrunken. Durch weitere, geschickte Fragen erfuhr der Beamte, dass Jens Moormann bei dem Gespräch das Gefühl bekommen hatte, dass Brigitte Fahrenkroog einen neuen Freund hatte. Sie habe ihm das zwar nicht direkt gesagt, aber er glaubte, das aus ihren Worten herausgehört zu haben. Weiter erinnerte er sich, dass sie an dem Tag einen größeren Betrag abgehoben hatte. Er glaubte, dass es 35 000 Euro gewesen waren. Er hatte sie im Scherz gefragt, ob sie eine Weltreise plane. Sie sei der Frage zunächst ausgewichen, habe aber später erklärt, dass sie sich ein Auto kaufen wolle. Weil ihn die Sache nichts anging, habe er nicht weiter nachgefragt, obwohl er sich eigentlich sicher war, dass sie gar keinen Führerschein besaß. Auf die Frage, ob er sich vorstellen könne, warum Brigitte Fahrenkroog kurz vor ihrem Tod eine hohe Dosis eines Beruhigungsmittels genommen hatte, reagierte Jens Moormann sehr überrascht. Der Kriminalbeamte war davon überzeugt, dass Moormann die Überraschung nicht spielte, und glaubte ihm, als der Befragte ihm versicherte, dass er das für ganz und gar unmöglich halte, da er das Opfer nur als fröhliche Frau gekannt habe. Ein bisschen zu vertrauensselig, aber immer heiter. Als Adresse nannte er ein Apartmentgebäude in der Luisenstraße 6, 3. Stock. Auf die Frage nach Verwandten gab er an, dass er dazu keine genauen Angaben machen könne, da sie sich über dieses Thema nie unterhalten hätten. Soweit er wusste, hatte sie einen Bruder in Süddeutschland und eine Mutter, die im Lauenburgischen lebte, irgendwo in der Nähe der Elbe.

Mit diesen Informationen konnten die Ermittlungen im großen Stil anlaufen: Zwei Beamte fuhren gemeinsam mit der Spurensicherung in die Wohnung der Toten. Sie sollten vor allem nach dem Beruhigungsmittel, nach einer Anschrift des Hausarztes der Toten und nach Hinweisen auf Freunde und Bekannte forschen. Anschließend untersuchten sie den Bereich um das Hafenbecken noch einmal genau auf Spuren, die auf eine Gewalttat schließen ließen. Ein zweites Team war damit beauftragt worden, die Nachbarschaft über die Verstorbene und über Jens Moormann und seine Beziehung zu Brigitte Fahrenkroog zu befragen. Außerdem wurde das Labor angewiesen, die Kleidung der Toten nochmals nach Fremdstoffen und die auf den Katalogen sichergestellten Fingerabdrücke auf Übereinstimmung zu untersuchen.

Kriminalhauptkommissar Steiner selbst hatte sich von Dr. Janik zu einem etwas ungewöhnlichen Versuch überreden lassen. Dr. Janik war zu der Überzeugung gelangt, dass die Tote und das Fahrrad bei einem Sturz aus 4 Metern Höhe nicht so zum Liegen gekommen sein konnten, wie sie gefunden worden waren. Er war der Ansicht, dass das Fahrrad hauptsächlich der Beschwerung der Leiche dienen sollte, damit diese nicht auftreiben und entdeckt werden konnte. Das würde auch die Kataloge in den Satteltaschen erklären: Sie waren als zusätzliches Gewicht gedacht gewesen. Dass sich jemand die Mühe gemacht hatte, ein

Fahrrad zu diesem Zweck zu verwenden, konnte der Pathologe sich nur so erklären, dass der Täter, sollte die Tote gefunden werden, die Tat wie einen Unfall aussehen lassen wollte. Um seine Hypothese zu beweisen, wollte Kriminalhauptkommissar Steiner mit Hilfe des Fahrrades und einer Puppe den Verlauf des Sturzes in das Hafenbecken von mehreren Punkten aus nachstellen.

Die Ergebnisse der Versuche überzeugten ihn. In keinem Fall kamen die Puppe – die sie mit Gewichten beschwert hatten, damit sie dem Gewicht der Toten entsprach – und das Fahrrad in der Position zu liegen, in der die Taucher sie gefunden hatten. Außerdem lag die Puppe stets näher am Kai als die Leiche. Es war offensichtlich, dass hier ein Kapitalverbrechen ausgeübt worden war.

Die ersten Ermittlungsergebnisse der Gruppe, die die Wohnung der Toten untersucht hatte, trafen ein: Die Beamten hatten die Anschrift eines Arztes und eine leere Pappschachtel gefunden, in der sich das Beruhigungsmittel befunden hatte. Auf der Schachtel war die Adresse der Apotheke vermerkt, bei der das Medikament gekauft worden war. Aus Briefen und aus einem Computer konnten mehrere Anschriften von Personen, die offensichtlich zum Bekanntenkreis der Toten gehört hatten, sichergestellt werden. Es waren Fingerabdrücke von 15 Personen gefunden worden. Interessant war, dass sich auf der Schachtel mit dem Beruhigungsmittel nicht nur die Fingerabdrücke der Toten, sondern auch die Abdrücke von zwei weiteren Personen befanden. Auf dem Computer konnten ebenfalls Fingerabdrücke von zwei Personen sichergestellt werden. Einer dieser Abdrücke stimmte mit einem unidentifizierten Fingerabdruck auf der Schachtel mit den Beruhigungstabletten überein.

Die Beamten, die den Hafen noch einmal unter die Lupe nahmen, entdeckten auf dem Ponton Fasern von Kleidung. Sie waren an dem rauen Holz der Bretter hängen geblieben. Wie sich bei einer Analyse später herausstellte, stammten einige von dem

Kleid und der Jacke der Toten und andere von einer schwarzen Jeans. Damit stand für die Ermittler fest, dass Brigitte Fahrenkroog vor ihrem Tod auf dem Ponton gelegen haben musste. Die schwarzen Jeansfasern konnten von dem Täter, aber auch von einer anderen Person stammen.

Die in der Wohnung gefundenen Fingerabdrücke wurden den Experten im Labor gegeben, um sie mit den Abdrücken auf den Katalogen zu vergleichen. Obwohl die Experten erst einen Teil der Kataloge untersucht hatten, zeichnete sich folgendes Bild ab: Die meisten Abdrücke auf den Katalogen waren durch das Wasser im Hafenbecken verwischt worden. Die sichergestellten Fingerabdrücke waren – bis auf wenige Ausnahmen – von Katalog zu Katalog unterschiedlich. Drei Fingerabdrücke tauchten jedoch auf fast allen auf. Es handelte sich dabei um den Daumen, den Zeigefinger und den Ringfinger einer rechten Hand. Daraus konnte geschlossen werden, dass diese Kataloge von ein und derselben Person angefasst worden waren.

Einen ersten Durchbruch in dem Fall der Toten im Hafen, wie er inoffiziell genannt wurde, erzielten die Beamten, als sie die Fingerabdrücke auf der Tablettenschachtel mit denen auf den Katalogen verglichen. Der Daumenabdruck, der auf den meisten Katalogen gefunden worden war, stimmte mit einem Abdruck auf der Tablettenschachtel überein. Der zweite Abdruck auf der Schachtel kam von einer Apothekenhelferin, wie man inzwischen herausgefunden hatte.

Die Nachforschungen im Umfeld von Jens Moormann ergaben keine weiteren Neuigkeiten. Nachbarn hatten ihn nur gelegentlich mit einer Frau gesehen, die sie auf einem Foto als Brigitte Fahrenkroog wiedererkannten. Auf einem Fahrrad hatte man ihn nie gesehen. Nachdem seine Fingerabdrücke mit denen auf den Katalogen und auf der Tablettenschachtel verglichen worden waren und man keine Übereinstimmung festgestellt hatte, schied er als Verdächtiger aus.

Einen weiteren, entscheidenden Hinweis erhielt Kriminalhauptkommissar Steiner von den Computerexperten. Sie hatten den Computer von Brigitte Fahrenkroog untersucht und festgestellt, dass sie in den letzten Wochen beim Surfen die Homepage einer Partnervermittlungsagentur besucht hatte. Zwar waren alle Daten, die mit der Agentur zusammenhingen, gelöscht worden, doch konnten die Spezialisten sie auf der Festplatte rekonstruieren. Wer immer die Daten gelöscht hatte, war kein Computerspezialist gewesen, sonst hätte er sie auch auf der Festplatte unleserlich gemacht. Aus den wiederhergestellten Daten ergab sich, dass Brigitte Fahrenkroog offenbar einen Mann gefunden hatte, der ihr sympathisch war. Sie hatte sich kurz vor ihrem Tod mit ihm verabredet. Der Mann nannte sich im Internet »Harry Happy«.

Als sie seine E-Mail-Adresse verfolgten, stießen die Ermittlungsbeamten auf einen Mann, der in Bochum lebte und unter dem Namen Herbert Schalkowic gemeldet war. Nach Angaben des Einwohnermeldeamtes war Schalkowic 45 Jahre alt, geschieden und seit drei Jahren in Bochum wohnhaft. Polizeilich war er bislang unauffällig gewesen. Herbert Schalkowic wurde von der Polizei förmlich überrumpelt. Nachts um 3 Uhr klingelten zwei Streifenpolizisten an seiner Wohnungstür und nahmen den völlig überraschten Mann unter dem Verdacht des Mordes an Brigitte Fahrenkroog fest. Auf der Wache wurden seine Fingerabdrücke abgenommen. Sie stimmten mit denen, die auf der Tablettenschachtel und auf den Katalogen gefunden worden waren, überein. Herbert Schalkowic war also der Mann, der sowohl die Tablettenschachtel als auch die Kataloge in den Satteltaschen angefasst hatte. Er wurde noch am gleichen Tag nach Hamburg überführt, zusammen mit zwei schwarzen Jeans, die Kriminalkommissar Steiner in der Wohnung des Verdächtigen sichergestellt hatte.

Bei der Vernehmung leugnete Herbert Schalkowic jegliche Schuld und behauptete, Brigitte Fahrenkroog nicht gekannt zu haben. Als die Vermittler ihm mitteilten, dass sie wussten, dass er unter dem Decknamen »Happy Harry« mit der Frau Verbindung aufgenommen und sich auch mit ihr verabredet hatte, gab er zu, die Frau beim Chatten kennengelernt, aber nie getroffen zu haben. Er sei damals nicht zu dem Treffen gefahren, sagte er. Ein Alibi konnte er allerdings für die fragliche Zeit nicht vorweisen.

Danach verweigerte er jede weitere Aussage und verlangte einen Anwalt. Der riet ihm zu schweigen. Herbert Schalkowic blieb bis zu seiner Gerichtsverhandlung in Haft, denn die forensischen Chemiker fanden heraus, dass die Jeans-Fasern, die auf dem Ponton gefunden worden waren, von einer der beiden Jeans stammten, die man in seiner Wohnung sichergestellt hatte.

Erst bei der Gerichtsverhandlung legte der Verdächtige ein Geständnis ab. Offenbar hatte ihm sein Rechtsbeistand dazu geraten. Er sagte aus, dass er Brigitte Fahrenkroog über das Internet kennengelernt und sich mit ihr in Hamburg getroffen hatte. Sie waren in ihre Wohnung gefahren. Als sie einmal auf die Toilette verschwunden war, hatte er sich ohne besondere Absicht in den Räumen umgesehen und dabei zufällig das Geld entdeckt. Dabei war ihm der Gedanke gekommen, das Geld an sich zu bringen. Als er in ihrem Badezimmer die Beruhigungstabletten entdeckte, hatte er die Idee, sie schläfrig zu machen und dann mit dem Geld zu verschwinden. Er löste die Schlaftabletten in ihrem Kaffee auf und sie trank ihn, ohne dass sie etwas davon bemerkt hätte. Bevor die Tabletten jedoch wirken konnten, sei es zu einem handgreiflichen Streit gekommen, wobei Brigitte Fahrenkroog so unglücklich stürzte, dass sie tot auf dem Boden liegen blieb. In seiner Panik hatte er dann überlegt, wie er den Körper beseitigen könnte, und ihn ins Auto geladen. Da er einen Fahrradgepäckträger am Auto hatte, nahm er auch das Fahrrad, mit dem sie ihn abgeholt hatte, mit. Er sei dann auf der Suche nach einem sicheren Versteck am Hafenbecken gelandet, wo er die tote Frau bei dem Ponton zusammen mit dem Fahrrad ins Wasser geworfen habe. Die Kataloge habe er noch in seinem Auto liegen gehabt und da sei ihm die Idee gekommen, sie einfach in die leeren Satteltaschen zu stecken, damit das Fahrrad noch schwerer wurde.

Während der Verhandlung konnte ihm nachgewiesen werden, dass seine Schilderung in vielen Punkten nicht mit den ermittelten Fakten übereinstimmte und somit falsch sein musste. Schalkowic blieb aber stur bei seiner Geschichte. Das Gericht verurteilte ihn dennoch aufgrund der Indizien wegen Mordes zu lebenslanger Haft. Besonders erschwerend werteten es die Richter, dass er die Frau lebend ins Wasser geworfen und damit ertränkt hatte.

Frau über Bord – Unfall oder Mord?

Eine schwierige Entscheidung für die Beamten der Küstenwache

Der Polizeikreuzer *Bredstedt* der Bundespolizei befand sich zwei Seemeilen südöstlich von Fehmarn im kaum bewegten Wasser der Ostsee. Es war eine kalte, sternenklare Nacht. Die Lufttemperatur betrug fünf Grad, die Wassertemperatur acht Grad Celsius. Der schwache Wind, der die letzten sechs Stunden aus Nordost geweht hatte, hatte sich völlig gelegt. Laut Seewetterbericht sollte sich die Wetterlage während der nächsten zwölf Stunden nicht ändern. Es versprach eine ruhige Nacht zu werden. Die Freiwache lag in den Kojen und ruhte sich aus. Auf der Kommandobrücke war der Bildschirm des Bordradargerätes auf maximale Entfernung geschaltet. Kleine grüne Punkte zeigten dem Wachoffizier den Schiffsverkehr im weiten Umkreis an.

Um 0 Uhr 43 und 32 Sekunden knackte es im Lautsprecher des Sprechfunkgerätes, das wie immer auf die Notruf-Frequenz eingestellt war. »Pan, Pan«, drang eine aufgeregte männliche Stimme aus dem Lautsprecher, »hier spricht der Eigner der Yacht *Dwarslooper*, meine Frau ist über Bord gegangen! Ich brauche Hilfe!«

Mit zitternder Stimme gab er seine Position durch. Der Wachoffizier notierte die Meldung. Dann griff er zum Mikrofon und nahm Verbindung zur Yacht auf. Mit ruhiger Stimme fragte er nach den Einzelheiten. Danach wies er den Skipper der *Dwarslooper* an, Position zu halten, und teilte ihm mit, dass die *Bredstedt* in etwa einer halben Stunde bei ihm sein würde. Über Intercom informierte der Wachoffizier den Kommandanten über die neue Lage.

Als der Kommandant die Brücke betrat, lag der neue Kurs bereits an und die fast 50 Meter lange *Bredstedt* nahm Fahrt auf, um mit Höchstgeschwindigkeit die Position der *Dwarslooper* anzulaufen. Es war allerhöchste Eile geboten, denn in dem kalten Wasser der Ostsee würde die Frau nicht lange überleben – wenn überhaupt noch eine Chance bestand, sie lebend zu bergen. Inzwischen war auch die Seenot-Rettungsleitstelle in Bremen aktiv geworden. Sie hatte den Notruf zur gleichen Zeit wie die *Bredstedt* aufgefangen und ihn an die Schiffe, die sich im betreffenden Seegebiet befanden, weitergeleitet. Nach und nach meldeten sich zehn Schiffe und Boote, die von ihrer Position her in der Lage waren, der *Dwarslooper* zur Hilfe zu kommen.

Die *Dwarslooper* war schon von weitem zu sehen. Sie hatte alle Lampen an. Die *Bredstedt* rauschte heran, drehte bei und ließ ein Schlauchboot zu Wasser. Der zweite Offizier, Polizeioberkommissar Sven Fischer, Polizeiobermeister Volker Behrendt und Polizeiobermeisterin Sabine Witgen bestiegen das Boot und setzten zur Yacht über.

Der Skipper der *Dwarslooper* stand offensichtlich unter Schock, was aus Sicht der Polizeiobermeisterin nur natürlich war. Er war jedoch in der Lage zu schildern, was vorgefallen war: Er war mit seiner Frau von Malmö aus auf dem Weg nach Lübeck gewesen. Um 20 Uhr hatte seine Frau die Wache an Deck übernommen. Er war unter Deck gegangen, um zu schlafen. Um Mitternacht hätte ihn seine Frau wecken sollen, damit er wieder das Steuer übernehmen konnte. Alles war so verlaufen, wie sie es schon oft auf See gemacht hätten. Kurz nach 0 Uhr 30 war er aufgewacht. Er hatte das unbestimmte Gefühl gehabt, dass irgendetwas nicht stimmte, denn das Boot lag jetzt auf Steuerbordbug, hätte aber auf Backbordbug liegen müssen. Er hatte sich angezogen und war ins Cockpit geklettert. Von seiner Frau war nichts zu sehen. Er hatte sofort die belegten Segel gelöst und die Yacht gestoppt. Mit dem Scheinwerfer hatte er die See abgeleuchtet, aber nichts gesehen. Auch sein lautes Rufen war nicht beantwortet worden.

Auf die Frage von Polizeikommissar Fischer, wo sich die Yacht befunden habe, als seine Frau die Wache übernommen habe, zeigte der Skipper das Logbuch. Die letzte Eintragung war in einer markanten Schrift mit Kugelschreiber geschrieben. Sie lautete: »20:00 Uhr, Annika hat die Wache übernommen«, darauf folgten die Koordinatenangaben. Mit diesen Informationen kletterte der Polizeikommissar zurück ins Schlauchboot und setzte wieder zur *Bredstedt* über. Die Polizeiobermeister Behrendt und Witgen hatten den Auftrag, die Yacht nach Neustadt zum Küstenwachzentrum zu bringen. Diese Maßnahme war in solchen Fällen üblich, um zu verhindern, dass der unter Schock stehende Skipper etwas unternahm, was ihm oder der Sicherheit auf See gefährlich werden konnte.

Auf der *Bredstedt* wurde der Standort der Yacht zum Zeitpunkt der Wachübernahme durch die Ehefrau in die Seekarte eingetragen und die Abdrift durch die Strömung berechnet. Die Abdrift durch den Wind konnte vernachlässigt werden, weil es während der letzten Stunden nahezu windstill gewesen war. Mit neuem Kurs ging der Polizeikreuzer auf die Suche nach der Frau in Seenot. Die Besatzung hatte die Ausgucke besetzt und starke Scheinwerfer leuchteten das Wasser in alle Richtungen ab. Der Kommandant nahm außerdem mit den zur Hilfe eilenden Booten über Sprechfunk Verbindung auf, erklärte ihnen die Lage und wies ihnen ein Seegebiet zu, in dem sie suchen sollten.

Während Polizeiobermeister Behrendt die Führung der Yacht übernahm und unter Motor den Kurs nach Neustadt einschlug, sah sich Polizeiobermeisterin Sabine Witgen auf der Yacht um. Sie war eine junge, ehrgeizige Polizistin, die ihren Beruf liebte schon ein recht gutes Gespür für unstimmige Sachverhalte entwickelt hatte, auch wenn es sich nur um Kleinigkeiten handelte. – Die Yacht mochte 12 Meter lang sein und war in einem guten Zustand. Die Eichmarken auf den Navigationsgeräten waren erst in diesem Jahr zur Segelsaison erneuert worden. Das Bordradar arbeitete einwandfrei. Die Papiere des Eigners waren ebenfalls in Ordnung. Er besaß einen Segelschein des *Deutschen Yachtverbandes* für große Fahrt und ein gültiges Sprechfunkzeugnis. Die Kajüte war aufgeräumt – nur die Koje, in der der Skipper geschlafen hatte, war zerwühlt. Auf Deck war das Tauwerk ordentlich aufgeschossen. Nichts ließ auf dieser Yacht darauf schließen, dass sich hier vor Kurzem eine Tragödie ereignet hatte.

Die Polizeiobermeisterin brachte dem Skipper ein halb mit Wodka gefülltes Wasserglas aus der Kombüse ins Cockpit. Der trank das Glas in einem Zug leer. Jetzt, da die Polizei das Kommando auf der Yacht übernommen hatte, konnte er so viel trinken, wie er wollte. Sabine Witgen setzte sich neben ihn und fragte, ob er eine Vorstellung habe, wie der Unfall passiert sein könnte. Der Skipper zuckte mit den Schultern. Nach einigen Augenblicken fügte er hinzu, dass vielleicht eine plötzliche Böe das Segel herumgeschlagen habe und dabei seine Frau von dem Baum, an dem das Unterteil des Segels befestigt ist, so unglücklich getroffen worden sei, dass sie über Bord geschleudert worden sei. Die Polizeiobermeisterin war skeptisch, denn die Wetterlage war in den letzten Stunden so ruhig gewesen, dass eine plötzlich auftretende Böe recht unwahrscheinlich war. Auch an dem Baum konnte sie keine Spuren entdecken, die von dem Aufprall auf eine Person hätten stammen können.

Um sich die Zeit bis zum Einlaufen der Yacht in den Neustädter Hafen zu vertreiben, durchstöberte sie die Navigationsunterlagen, die fein säuberlich geordnet in der Navigationsecke am Niedergang lagen. Eine Seekarte mit dem Seegebiet der westlichen Ostsee lag ausgebreitet auf dem Navigationstisch. Hier waren verschiedene Kurse sauber mit Bleistift eingetragen. Der Skipper hatte sich also nicht nur auf sein GPS-Navigationsgerät verlassen, er hatte die Kurse seiner Törns außerdem auf klassische Weise ausgearbeitet. Das Logbuch, das der Skipper dem Polizeikommissar gezeigt hatte, war ebenfalls sauber und ordentlich geführt. Nach Angaben des Skippers war das Führen des

Logbuches ein Hobby von ihm. Es diente als eine Art Tagebuch. Dass er eines führte, obwohl es behördlicherseits nicht vorgeschrieben war, passte nach Sabine Witgens Meinung zu dem Mann, der einen pedantischen Eindruck auf sie machte: Alles musste seine Ordnung haben, am richtigen Platz liegen, aufgeräumt sein.

Sabine Witgen sah sich Seite für Seite des Logbuchs an. Sie konnte zwei unterschiedliche Schriften erkennen. Es war also von zwei Personen hineingeschrieben worden: Eine Schrift war kräftig und akkurat, sie drückte durch das Papier durch; die andere war runder, weicher und unregelmäßiger. Es war nicht schwer, sich vorzustellen, wem die akkurate Schrift gehörte. Der Skipper bestätigte, dass es seine Schrift war.

Die Wasserschutzpolizistin sah sich die Eintragungen am Unglückstag an. Sie enthielten Standortkoordinaten, Wettermeldungen, Entfernungsangaben und Ähnliches. Auch die Wachwechsel waren vermerkt. Dabei fielen ihr zwei, später drei Unstimmigkeiten auf: Die letzten beiden Wachwechsel, der um 16 Uhr nachmittags und der um 20 Uhr abends, waren von dem Skipper eingetragen worden. Sonst hatte immer die Ehefrau den Wechsel vermerkt, wenn sie die Wache übernommen hatte. Sabine Witgen überprüfte daraufhin noch einmal das Logbuch und fand ihre Annahme bestätigt. Die Frau des Skippers hatte die Übernahme tatsächlich jedes Mal selbst vermerkt. Der Skipper gab, als er darauf angesprochen wurde, an, dass seine Frau den Eintrag vergessen und ihn gebeten hatte, den Eintrag auf seinem Weg in die Kajüte vorzunehmen, was er dann auch getan hatte.

Das Zweite, was der Polizistin auffiel, war ein kleiner Papierschnipsel in der Heftfalte. Er war nicht groß, höchsten 2 Millimeter im Durchmesser. Die Ränder waren gezackt. Er sah aus, als sei er irgendwo abgerissen worden. »Ist hier vielleicht eine Seite aus dem Buch gerissen worden?«, schoss der Beamtin durch den Kopf, als sie den Papierschnipsel vorsichtig mit dem Zeigefinger aufnahm.

Die Polizistin blätterte im Logbuch zurück, bis sie die Stelle fand, an der die gegenüberliegende Seite desselben Blattes hätte sein müssen. Die Seite fehlte, was deutlich aus den Aufzeichnungen hervorging. Daraufhin beschlagnahmte sie das Logbuch. Dem Skipper gab sie auf seine Frage nach dem Grund für die Beschlagnahme eine plausible, unverfängliche Antwort.

Seit dem Morgengrauen beteiligten sich auch zwei Hubschrauber der Bundeswehr an der Suchaktion. Um 8 Uhr 32 meldete der Fischkutter Henriette den Fund einer weiblichen Leiche an die Seenot-Rettungsleitstelle in Bremen. Sie war beim Einholen des Fischnetzes mit an Bord gezogen worden. Der Standort des Fischkutters lag fast fünf Seemeilen außerhalb des Seegebietes, in dem nach der Toten gesucht wurde. Der Beschreibung nach musste es die über Bord gegangene Frau des Skippers sein. Ein Bundeswehrhubschrauber nahm Kurs auf den Fischkutter, übernahm die Leiche und brachte sie zur *Bredstedt.* Hier wusste man, dass man die Vermisste gefunden hatte, denn auf ihrer nicht aufgeblasenen Schwimmweste stand mit in Wasser unlöslicher Farbe der Name »Annika Döring« geschrieben. Die Suchaktion wurde abgebrochen. Die beteiligten Schiffe konnten ihre Fahrt fortsetzen.

Über Funk wurde die Leitstelle der Bundespolizei verständigt. Die *Dwarslooper* lag hier inzwischen vertäut am Anleger der Polizei. Der Skipper wartete in einem Vernehmungszimmer auf die Ergebnisse der Suchaktion. Er hätte gehen können, doch er hatte darauf bestanden zu warten. Polizeiobermeisterin Sabine Witgen hatte die unangenehme Pflicht, den Skipper vom Tod seiner Frau zu unterrichten. Der Mann brach völlig zusammen. Er hielt sich die Hände vors Gesicht und schluchzte. Sabine Witgen, die den Skipper aufmerksam beobachtet hatte, hielt seine theatralische Reaktion für überzogen und ein wenig zu künstlich, um aufrichtig zu wirken. Schließlich hatte er inzwischen einige Stunden Zeit gehabt, sich mit dem traurigen Gedanken vertraut zu machen, denn bei den niederen Wassertemperaturen der

Ostsee war es mehr als unwahrscheinlich, dass seine Frau noch hätte lebend geborgen werden können.

Am späten Vormittag legte auch die *Bredstedt* in Neustadt an. Der Skipper wurde von der Polizeiobermeisterin an Bord gebracht, um die Leiche zu identifizieren. Sie befand sich in einem grauenhaften Zustand. An allen Körperteilen, die nicht von Kleidung bedeckt waren, gab es Schürfwunden. Am Kopf war deutlich eine größere Verletzung zu sehen. Der Skipper identifizierte seine Frau. Wieder war seine Reaktion sehr heftig und wieder kam sie der anwesenden Polizistin übertrieben vor. Nachdem sich der Skipper etwas beruhigt hatte, brachte ihn ein Polizeifahrzeug nach Hamburg, wo er wohnte. Polizeiobermeisterin Witgen meldete ihrem Vorgesetzten, dem Kommandanten der *Bredstedt*, was sie an Bord der *Dwarslooper* beobachtet hatte, wie sie den Skipper einschätzte, und gab ihm dann das Logbuch für weitere Untersuchungen.

Der Kommandant schrieb seinen Bericht und übergab das Logbuch und den Bericht seinem Vorgesetzten an Land, Kriminalrat Brotwein. Nach einem ausführlichen Gespräch mit dem Kriminalrat ging der Kommandant wieder an Bord der *Bredstedt* und lief wenig später mit seiner Crew aus, um seine routinemäßige Patrouillenfahrt fortzusetzen.

Die Leiche der Ehefrau des Skippers wurde zur Obduktion in die Rechtsmedizin nach Lübeck überführt. Der Rechtsmediziner, ein noch junger Pathologe, übernahm die Leiche und begann sie vorschriftsmäßig für die Autopsie vorzubereiten. Zunächst untersuchte er die Kleidung der Toten, Lage für Lage. Was das Opfer am Leib trug, gab – bis auf eine Ausnahme – keine für ihn verwertbaren Hinweise auf die näheren Umstände ihres Todes. Die Frau war normal gekleidet: Sie trug unter einem wetterfesten, dick gefütterten Anorak einen hochgeschlossenen Fleece-Troyer, eine wasserdichte Seglerhose mit Latz, darunter eine Winterjeans. Die Unterwäsche bestand aus wärmendem Angoramaterial. Über der Wetterjacke trug sie eine bei Kontakt mit Seewasser sich selbst aufblasende, ohnmachtssichere Schwimmweste. Diese hatte sich jedoch nicht aufgeblasen oder die Luft war später wieder aus der Weste gewichen. Die Ursache hierfür war ein etwa 3 Zentimeter breiter Riss. Bei genauerer Betrachtung unter einem starken Vergrößerungsglas stellte der Pathologe fest, dass die Ränder nicht ausgefranst, sondern scharfkantig waren. Die Kunststofffasern des Materials waren leicht nach innen gedrückt. In sein Diktiergerät sprach er: »Die Öffnung in der Schwimmweste, rechte Seite, in der Mitte des Schwimmkörpers, hinten, wurde durch einen scharfen, 3 Zentimeter breiten Gegenstand, wahrscheinlich ein Messer, verursacht.«

An einem Metallring an der Schwimmweste befand sich ein Kunststoffseil von etwa 24 Zentimetern Länge. Es war mit einem Palstek an dem Ring befestigt. Das freie Ende war abgerissen. Es war stark ausgefasert und zeigte, dass es mit Gewalt abgerissen worden war. Dass hier größere Kräfte am Werke gewesen sein mussten, zeigte auch die Schwimmweste, die an dieser Stelle stark verzogen war. Wahrscheinlich hatte sich das Seil verhakt und war beim Einholen des Fischernetzes abgerissen. Wozu das Seil gedient haben mochte, konnte der Pathologe nicht feststellen. – Und so packte er Schwimmweste und Kleidung in Plastiksäcke. Sie würden morgen ins Polizeilabor zu weiteren Untersuchungen kommen.

Die Schürfwunden am Kopf und an den unbedeckten Körperstellen waren eindeutig erst nach dem Tod der Frau entstanden. Da sich in den Wunden Sandpartikel und andere Stoffe befanden, konnte davon ausgegangen werden, dass die Frau durch die Strömung oder andere Bewegungen im Wasser über den Meeresboden geschleift worden war. Das Fischnetz konnte ebenfalls Ursache dafür gewesen sein. Die Wunde auf der rechten oberen Seite des Schädels war der Frau jedoch zu Lebzeiten zugefügt worden. Hier waren die Blutungen deutlich zu sehen. Nach Eintritt des Todes hätte das Herz aufgehört zu schlagen, Blut wäre nicht mehr durch den Körper gepumpt worden und hätte somit auch nicht in dieser Menge austreten können. Die Gewalt, mit der die Wunde erzeugt worden war, war so groß gewesen, dass sie die Schädeldecke zertrümmert hatte. Als Verursacher kam ein im Querschnitt runder Gegenstand mit etwa 6 Zentimeter Durchmesser in Frage. Obwohl er es erst nach Öffnung des Schädels mit Sicherheit sagen konnte, war der Mediziner überzeugt, dass diese Wunde letztendlich den Tod herbeigeführt haben musste.

Die weitere Obduktion ergab, dass die Frau Seewasser in der Lunge und im Magen hatte, so wie man es bei einer Ertrunkenen erwarten musste. Die Menge war jedoch so gering, dass die Frau nicht daran gestorben sein konnte. Der Tod musste sehr kurz nachdem sie ins Wasser gefallen war, durch die Schädelverletzung verursacht, eingetreten sein. Außerdem konnte man nun schließen, dass die Schwimmweste schon vor dem Sturz ins Wasser kaputt gewesen sein musste. Andernfalls hätte sie sich sofort aufgeblasen und den Kopf der Frau über Wasser gehalten.

Gewebeproben, Körperflüssigkeiten und die Kleidung gingen am nächsten Tag in das kriminaltechnische Labor. Der Bericht des Rechtsmediziners ging an die Bundespolizeidienststelle nach Neustadt.

Polizeirat Brotwein, auf dessen Tisch alle Berichte landeten, nahm Verbindung mit der zuständigen Staatsanwaltschaft in Lübeck auf. Gemeinsam gelangten sie zu der Überzeugung, dass es in diesem Fall einige Unstimmigkeiten gab, die einer weiteren Untersuchung bedurften, bevor der Fall als »Unglücksfall mit Todesfolge« seitens der Strafverfolgungsbehörde abgeschlossen werden konnte. Der Polizeirat übertrug die Ermittlungen Polizeihauptkommissar Schlüter. Schlüter war ein mit allen Wassern gewaschener Profi mit fast 40 Dienstjahren. Die Kollegen sagten über ihn, dass er Verbrechen förmlich rieche und es nahezu unmöglich sei, ihn durch konstruierte Sachverhalte vom eigentlichen Tathergang abzulenken. Außerdem hatte Schlüter Fantasie: Er konnte sich auch in die abwegigsten Sachverhalte hineinversetzen und an Orten nach Spuren suchen, wo andere es für unsinnig oder als nicht Erfolg versprechend abgetan hätten oder gar nicht erst darauf gekommen wären, sich genau umzusehen.

Polizeihauptkommissar Schlüter las die Berichte sorgfältig durch und kam nach eingehendem Studium der Bilder von der Kopfverletzung der Toten zu dem Schluss, dass sie nicht durch den umschlagenden Baum des Großsegels verursacht worden sein konnte. Er suchte sich eine Beamtin, die etwa so groß war wie die Frau des Skippers, und versuchte an Bord der *Dwarslooper* herauszufinden, ob es auf der Yacht irgendeinen Gegenstand gab, der eine solche Verletzung an der betreffenden Stelle verursachen konnte. Seine Annahme wurde bestätigt: Egal, wohin er die Beamtin auch stellte, die Wunde konnte nicht durch den Baum entstanden sein. – Die Umstände, die zu Annika Dörings Tod geführt haben mochten, wurde immer mysteriöser. Schlüter fand keine Antworten, stattdessen tauchten immer neue Fragen auf.

Nun schickte der Polizeihauptkommissar die Spurensicherung aufs Boot. Sie krempelten die Yacht vom Bug bis zum Heck um. Kein Detail wäre ihrer Aufmerksamkeit entgangen. Doch entgegen Schlüters Hoffnung fanden sie nichts, was seinen Verdacht hätte erhärten können. Ein Gegenstand, mit dem ein Schlag auf den Kopf der Frau ausgeführt worden sein könnte, wurde nicht gefunden (Schlüter hatte auf eine Schnapsflasche getippt). Was die Beamten entdeckten, waren Blutspuren im Cockpit und auf dem Nirostaseil, das als Reeling diente. Obwohl das Blut abgewischt worden war, konnte noch genug von dieser Körperflüssigkeit für eine DNA-Analyse sichergestellt werden. Schlüters Annahme, dass es sich dabei um das Blut der Toten handelte, wurde Tage später durch das Ergebnis der DNA-Analyse bestätigt. Dass Blut gefunden worden war, sprach jedoch nicht gegen die Theorie, dass Annika Döring bei einem tragischen Unfall ums Leben gekommen sein könnte.

Außerdem fanden die Beamten ein Geräte- oder Ausrüstungsverzeichnis, das der Skipper offenbar aus versicherungstechnischen Gründen führte. Es schien auf dem neuesten Stand zu sein, denn alle angegebenen Gegenstände befanden sich an Bord – nur ein Anker fehlte. Zwei hätten an Bord sein sollen, aber es war nur einer zu finden. Ein Umstand, der, für sich genommen, keine Aussagekraft hatte: Der Skipper konnte den fehlenden Anker zum Beispiel auf dem Törn irgendwo verloren haben. Andere Erklärungen waren ebenfalls denkbar und sicherlich auch nachvollziehbar.

Schlüter las die Berichte noch einmal genau durch und nahm danach mit dem Eigner des Fischkutters, der die Leiche geborgen hatte, telefonisch Verbindung auf. Der Kutter war mit Satellitennavigation ausgerüstet und konnte daher seinen Standort metergenau angeben. Außerdem wurden die Koordinaten jedes Fangtörns, die vom Navigationsgerät geliefert wurden, exakt notiert. So konnte man später genau nachvollziehen, wo das Netz ausgeworfen und wieder eingeholt worden war. Wie der Eigner des Kutters dem Polizeihauptkommissar sagte, hoffte er, auf diese Weise über kurz oder lang die Bereiche mit den reichsten Fischvorkommen zu erkennen. Schlüter ließ sich von ihm die Koordinaten des Törns geben, bei dem er die Leiche hochgehievt hatte. Als Nächstes forderte er für die *Bredstedt* eine Gruppe Polizeitaucher an. Außerdem schickte er zwei Beamte nach Hamburg. Sie sollten im sozialen Umfeld des Skippers Nachforschungen anstellen. Er wollte wissen, wie das Verhältnis zwischen den Eheleuten gewesen war, ob es Probleme im beruflichen Bereich gab, ob es ein heimliches Verhältnis gab und Ähnliches.

Die *Bredstedt* lief die vom Fischer genannten Koordinaten an und ging an der Stelle vor Anker, wo die Leiche geborgen worden war. Die Taucher machten sich, ausgerüstet mit Metallsensoren, auf die Suche nach einem Anker oder einem schweren Gegenstand, an dem ein Kunststoffseil befestigt war. Es war die sprichwörtliche Suche nach der Nadel im Heuhaufen und die meisten von Schlüters Kollegen hätten einen solchen Versuch gar nicht erst gewagt. Auch er wusste, wie gering seine Chancen waren, einen kleinen Gegenstand wie einen Anker auf dem Meeresgrund zu finden. Doch er hatte wie meistens Glück … und Erfolg: Die Nadel wurde gefunden! Der Anker hatte sich an einem Findling in den Boden gegraben. Er war mit dem beschriebenen Kunststoffband umwickelt. Der Anker wurde geborgen und die *Bredstedt* nahm wieder Kurs auf Neustadt.

Ein Haftbefehl wurde ausgestellt und Annika Dörings völlig überraschter Ehemann in seinem Geschäft wegen Mordes verhaftet.

Die Beamten, die im Umfeld des Skippers recherchiert hatten, gaben zu Protokoll, dass der Skipper mit seiner Frau in wohlhabenden Verhältnissen lebte. Sie besaßen einen Gewürzhandel in der Speicherstadt und eine Villa in Groß Flottbek. Sie waren Mitglieder in mehreren vornehmen Klubs. Eine Geliebte konnte nicht ermittelt werden, dafür aber gab es Hinweise, dass die Eheleute oft miteinander stritten, auch in der Öffentlichkeit. Thema war fast immer das Geld. Die Frau war sparsam, manche nannten sie geizig, der Skipper eher großzügig. Da Annika Döring die Firma mit in die Ehe gebracht hatte und ihr Mann nur die Funktion des Geschäftsführers bekleidete, hatte die Frau wiederholt damit gedroht – auch das wieder öffentlich –, ihm »den Geldhahn zuzudrehen«. Wie die Beamten weiter feststellen konnten, war Annika Döring – ganz im Gegensatz zu ihrem Ehemann – wenig beliebt gewesen.

Gleich bei der ersten Vernehmung des Skippers war ein Rechtsanwalt anwesend, ein sogenannter »Staranwalt«. Doch Polizeihauptkommissar Schlüter brachte so etwas nicht aus der Ruhe. Er hatte sich seine Vernehmungsstrategie genau überlegt. Doch sie sollte nicht zur Anwendung kommen. Nach der Aufnahme der Personalien kündigte der Verteidiger an, dass sein Klient eine Aussage machen wolle.

Der Skipper gestand, dass es an Bord wieder einmal Streit zwischen ihm und seiner Frau gegeben hatte, wobei sie ihn immer weiter gereizt hatte – was sie gut verstand –, bis er in seiner Wut zu der Rumflasche, die auf dem Tisch in der Kajüte stand, gegriffen hatte und mit ihr nach seiner Frau geschlagen hatte. Er hatte sie dabei so unglücklich getroffen, dass sie niedergestürzt war. Er hatte sie für tot gehalten, war in Panik geraten und hatte nicht gewusst, was er tun sollte. Ihm sei immer wieder durch den Kopf gegangen, dass die Tat wie ein Unglück aussehen musste ... was sie ja letztendlich auch war. Die Tat belaste ihn sehr und er hätte sich sowieso der Polizei gestellt, wenn diese ihm nicht durch die Verhaftung zuvorgekommen wäre.

Polizeihauptkommissar Schlüter versuchte ihn dazu zu bewegen zuzugeben, dass nicht Panik, sondern nüchterne Überlegungen ihn geleitet hatten, als er die Schwimmweste seiner Frau zerstach und den Anker an ihre Schwimmweste band, um so zu verhindern, dass die Leiche nach oben treiben würde; als er die Leiche an einer anderen als der gemeldeten Stelle über Bord geworfen hatte und später von einem ganz anderen Ort aus über Funk um Hilfe gebeten hatte. Der Skipper, unterstützt von seinem Anwalt, wies Schlüters Anschuldigungen vehement zurück. Er blieb bei seiner Darstellung des Tatherganges. Auch während des Prozesses hielt er noch an seiner ersten Aussage fest. Das Gericht folgte dem Vorschlag seines Anwaltes jedoch nicht, den Skipper nur wegen Tötung im Affekt zu verurteilen, es verurteilte Annika Dörings Ehemann wegen Mordes zu einer langen Haftstrafe.

Doch sein Anwalt ging in Revision und die nächsthöhere Instanz hob das Urteil auf. Sie machte sich die Logik des Rechtsanwaltes zu eigen und milderte das Strafmaß deutlich.

Der Fall des Sebastian E.

Sind selbst die kriminalistischen Profis und forensischen Wissenschaftler machtlos?

Frühsommer 2005. Die Schüler der Klasse 6b der Berliner Schiller-Realschule befinden sich auf einer einwöchigen Klassenfahrt an der Ostsee. Die Reise wurde von Rainer Hiltrop, dem Klassenlehrer, vorbereitet und beaufsichtigt. Die zweite Aufsichtsperson war Anja Merling, die Biologie- und Sportlehrerin; außerdem wurde die 6b von zwei Elternteilen begleitet: Regina Sommer, der Mutter des zwölfjährigen Oliver, und Gunther Weihrauch, Vater der gleichaltrigen Judith. Die beiden Lehrer waren erfahrene Pädagogen und hatten schon mehrere Klassenreisen mit Schülern gemacht; sie wurden von den Schülern als Autoritäten anerkannt. Auch Regina Sommer hatte bereits Erfahrungen mit Klassenreisen: Sie war selbst vierfache Mutter und konnte gut mit Kindern umgehen. Außerdem hatte sie bereits dreimal als Begleitperson an Klassenreisen teilgenommen. Der einzige Neuling auf diesem Gebiet war Gunther Weihrauch, doch er fand sich gut in das Team ein. Die Schüler mochten ihn, weil er fast immer zu Scherzen bereit war.

Das Schullandheim lag etwa 1 Kilometer von der Ostsee entfernt, am Rande einer Heidelandschaft, die im Osten in einen lichten Kiefernwald überging. Die nächsten Häuser lagen im Westen, etwa 500 Meter entfernt. Durch die Ortschaft – es lebten etwa 2000 Menschen hier – führte eine Bundesstraße. Zum Schullandheim bog man in der Ortsmitte ab und folgte einer schmalen, asphaltierten Straße. Diese führte um das Gelände des Schullandheimes herum und verband die hinter dem Heim verstreut liegenden Bauernhöfe mit der Ortschaft. Das Areal, auf dem das Gebäude des Schullandheimes stand, war etwa vier Hektar groß, eingezäunt mit einem 2 Meter hohen, festen Maschendrahtzaun. Auf dem Gelände gab es mehrere hohe Bäume und Buschwerk, das in Gruppen angepflanzt war. Jede Gruppe hatte etwa 5 Meter Durchmesser. Das Schullandheim bestand aus einem Gebäude mit zwei im rechten Winkel zueinander stehenden Flügeln. Wo die beiden Flügel aufeinander trafen, lag der Empfangsbereich und dahinter der Speisesaal und die Küche. Die Jungen waren im rechten, die Mädchen im linken Trakt untergebracht. Die Zimmer der Betreuer befanden sich am Eingang zu den Schlafräumen der Schüler des jeweiligen Geschlechts. Die Schüler schliefen zu viert in modern eingerichteten Zimmern. Man konnte den Schlafbereich nicht verlassen, ohne an den Betreuerzimmern vorüberzugehen. Nach 22 Uhr abends wurde die Verbindungstür zwischen Schlaftrakt und Eingangshalle verschlossen. Den Schlüssel verwahrte jeweils einer der Betreuer. Die äußere Eingangstür wurde ebenfalls um 22 Uhr verriegelt, wobei der Klassenlehrer einen Schlüssel hatte, der Hausmeister einen weiteren und einen dritten bekam der Leiter des Schullandheimes. Ein Reserveschlüssel hing außerdem am Schlüsselbrett des Heimleiters. Das Büro stand tagsüber offen. Nach Büroschluss wurde es verschlossen. – Soweit die Rahmenbedingungen, die die Polizei zu Beginn ihrer Ermittlungen vorfand. Der Fall, zu dem sie gerufen worden waren, stellte sich etwa wie folgt dar: Am 26. Juni, einen Tag vor der geplanten Heimreise, war der Klassenlehrer Rainer Hiltrop kurz nach 22 Uhr durch die Zimmer der Schüler gegangen, hatte sich in jedem Zimmer einige Augenblicke mit den Jungs unterhalten, die Lichter gelöscht, die Eingangstür des Schlaftraktes verschlossen und sich dann noch etwa eine Stunde lang mit Gunther Weihrauch in dessen Zimmer bei einem Bier unterhalten. Gegen 23 Uhr 30 war er in sein eigenes Zimmer gegangen, hatte noch ein wenig gelesen und so gegen Mitternacht das Licht ausgeschaltet. Bis zu diesem Zeitpunkt war alles ruhig gewesen. In den Zimmern der Jungen hatte er nichts Ungewöhnliches festgestellt. Die Jungen machten einen müden Eindruck, was auch verständlich war, denn sie hatten an diesem Tag eine lange Wanderung gemacht. Selbst die üblichen Kissenschlachten waren unterblieben.

Am nächsten Morgen um 8 Uhr 30 sollte die Rückfahrt angetreten werden. Erst zu diesem Zeitpunkt fiel dem Klassenlehrer auf, dass Jonas fehlte. Er wartete eine Viertelstunde, dann fragte er die Jungen, ob jemand wisse, wo Jonas sei. Niemand konnte ihm Auskunft geben. Rainer Hiltrop schickte daraufhin einen Jungen in die Toiletten, doch dort war Jonas auch nicht zu finden. Erkundigungen bei den Jungen ergab, dass ihn an diesem Morgen niemand gesehen hatte. Die Schüler, die mit ihm ein Zimmer geteilt hatten, gaben an, dass sein Bett, als sie geweckt wurden, leer gewesen sei. Sie hatten sich nichts dabei gedacht, sondern angenommen, er sei auf der Toilette.

Während die Klasse unter Aufsicht von Anja Merling und Regina Sommer ausschwärmte und nach Jonas suchte, ging Rainer Hiltrop in Begleitung von Gunther Weihrauch in das Zimmer, in dem Jonas geschlafen hatte. Sein Bett war benutzt worden. In seinem Schrank lag, was er auf die Klassenreise mitgenommen hatte. Nur die Kleidung, die er am Abend über den Stuhl neben seinem Bett gelegt hatte, fehlte, ebenso Strümpfe und Schuhe.

Als Jonas nach einer Stunde immer noch nicht gefunden worden war, ging der Klassenlehrer zur Heimleitung und bat diese, die Polizei zu verständigen. Eine Viertelstunde später erschien ein Streifenwagen mit zwei Beamten aus dem benachbarten Ort. Sie nahmen ein Protokoll auf und suchten ebenfalls nach dem vermissten Jungen. Auch sie fanden weder Jonas noch einen Hinweis auf seinen Verbleib. Inzwischen war eine weitere Stunde vergangen. Die Beamten meldeten das spurlose Verschwinden des Jungen an ihre vorgesetzte Dienststelle. Hier entschied man sich, den Fall an die Kriminalpolizei zu übergeben und die zuständige Staatsanwaltschaft zu informieren.

Bei der Kriminalpolizei übernahm Kriminalhauptkommissar

Peter Hohlbein die Ermittlungen, bei der Staatsanwaltschaft lagen sie in den Händen von Staatsanwalt Dellbück. Beide Beamten hatten schon verschiedentlich zusammengearbeitet; sie achteten sich gegenseitig und vertrauten einander. Der Kriminalhauptkommissar traf mit seinem Team, das aus drei Beamten bestand, um 13 Uhr 45 in dem Schullandheim ein. Außerdem hatte er einen Experten der Spurensicherung mitgebracht. Der Staatsanwalt kam nur eine Viertelstunde später. Das Verschwinden eines Kindes und die mysteriösen Umstände, unter denen es geschehen war, hatten ihn bewogen, den Ermittlungen vor Ort beizuwohnen. Ihm war bewusst, dass der Fall, sollte der Junge nicht schnellstens wiedergefunden werden, großes Aufsehen erregen würde.

Der Klassenlehrer hatte inzwischen den Bus mit den Schülern unter Leitung der Sportlehrerin nach Hause geschickt, damit die Eltern sich nicht unnötige Sorgen um ihre Kinder machten. Er selbst war für weitere Vernehmungen zurückgeblieben. Die Jungen, die mit Jonas zusammen in einem Zimmer geschlafen hatten, waren ebenfalls im Schullandheim geblieben. Ihre Eltern hatte er über Handy informiert, dass sie später mit ihm gemeinsam nach Hause fahren würden, da sie in einem Unglücksfall als Zeugen benötigt würden. Er konnte die Eltern beruhigen, indem er ihnen versicherte, dass der Unglücksfall nichts mit ihren Kindern zu tun hatte.

Während Peter Hohlbein und seine Beamten den Klassenlehrer und die Schüler verhörten, begann der Experte der Spurensicherung in Jonas' Zimmer mit der Spurensuche. Peter Hohlbeins Ermittlungen ergaben im Wesentlichen das, was bereits bekannt war. Darüber hinaus waren nur noch die Informationen, die er über Jonas erhielt, für ihn von Bedeutung. Der Klassenlehrer schilderte Jonas als einen mittelmäßig begabten Schüler. In allem war er mittelmäßig: was seine Leistungen, sein Betragen, sein soziales Verhalten und die Streiche anbelangte, mit denen die Jungen glaubten, ihre Lehrer ärgern zu können. Im Großen und

Ganzen war er ein unauffälliger Schüler. Es gab nur eine Eigenschaft, die bei ihm besonders ausgeprägt war: Er war äußerst neugierig. Seine Eltern waren beide berufstätig. Seine Großmutter mütterlicherseits, die mit ihnen im Haus wohnte, passte auf ihn auf. Zu ihr hatte er ein innigeres Verhältnis als zu seinen Eltern, die er sie nur abends und an Sonntagen sah, und das auch nur, wenn es in ihrer Bäckerei nichts zu tun gab, was selten genug vorkam.

Die Spurensicherung fand heraus, dass Jonas wahrscheinlich aus dem Fenster geklettert war. Da es sich nur schwer und auch nur nach außen öffnen ließ, hatte er es wieder zudrücken können, ohne dass es sich erneut öffnete. Die Spezialisten fanden Stofffasern auf dem Fensterbrett, die der Beschreibung nach von Jonas' Jacke stammen konnten. Unter dem Fenster waren Eindrücke von Joggingschuhen zu sehen, wie sie von Jugendlichen getragen wurden. Die Schuhgröße war 39 und das entsprach der von Jonas, wie einer seiner Mitschüler zu wissen glaubte. Auf dem Steinweg, der ums Haus herumführte, verloren sich die Spuren. Am Eingangstor zum Grundstück des Schullandheimes wurden ähnliche Fasern gefunden wie auf dem Fensterbrett. Sie ließen den Schluss zu, dass Jonas über das Tor geklettert war. Auf der Straße, die in den Ort führte, wurden keine weiteren Spuren gefunden. Er war, als hätte der Junge sich hier in Luft aufgelöst. Spuren, die darauf hingedeutet hätten, dass eine dritte Person an dem Verschwinden des Jungen beteiligt gewesen war, wurden weder auf dem Gelände des Schullandheimes noch auf der Straße, die in den Ort führte, gefunden.

Peter Hohlbein übernahm es, die Eltern von dem Verschwinden ihres Sohnes zu unterrichten. Sie waren geschockt. Selbst am Telefon spürte er, dass ihre Gefühle echt waren. Trotz ihres Kummers waren sie bereit, dem Kriminalkommissar Fragen zu beantworten. Sie konnten ihm jedoch nichts Neues sagen. Auch sie konnten sich nicht erklären, warum ihr Sohn das Schullandheim in der Nacht verlassen hatte. Es gab niemanden in der Gegend, den er hätte besuchen können – keine Verwandten, Freunde oder Bekannten. Ausgerissen war er früher noch nie, und weder seine Großmutter noch seine Eltern hatten Anzeichen dafür erkannt, dass er eine solche Absicht hatte. Gegenüber seinen Schulkameraden, die später befragt wurden, hatte er solche Gedanken ebenfalls nie geäußert.

Zurück im Präsidium, analysierten die Kriminalbeamten die Sachlage, wobei die Frage im Vordergrund stand, wer oder was Jonas dazu veranlasst haben mochte, das Schullandheim zu verlassen. Eine Frage, auf die sie keine Antwort fanden. Die einzige Möglichkeit, die ihnen blieb, war, eine groß angelegte Suchaktion zu starten. Eine Vermisstenmeldung wurde herausgegeben, sodass alle Polizeidienststellen nach Jonas fahnden konnten. Rundfunk und Fernsehen wurden eingeschaltet, die Presse berichtete über den Fall, eine Sonderkommission unter Leitung von Kriminalhauptkommissar Hohlbein wurde eingerichtet und die Bevölkerung um Mithilfe gebeten.

Es traf eine Fülle von Hinweisen aus der Bevölkerung ein. Man glaubte, einen Jungen, auf den die Beschreibung von Jonas passte, in Rostock, Berlin, Leipzig, Hamburg, ja sogar in Köln gesehen zu haben. Manche Meldungen waren so unsinnig, dass sie gleich aussortiert werden konnten, doch anderen musste nachgegangen werden – was die 40-köpfige Sonderkommission vollkommen auslastete. Wahrsager boten sich an, bei der Suche nach dem Jungen behilflich zu sein.

Doch was immer die Kriminalbeamten auch unternahmen, Jonas blieb verschwunden. Sie entdeckten nicht einmal die Spur eines Hinweises. Alle Ermittlungen führten ins Nichts. Auch die Beamten von der Spurensicherung fanden keinen verwertbaren Hinweis. Sie hatten die Fasern unter dem Mikroskop und mit ihren anderen hoch komplizierten Geräten untersucht und festgestellt, dass die Fasern auf dem Fensterbrett und die von der Eingangspforte übereinstimmten und zu einer blauen Jeansjacke aus einem Kunstfaser-Baumwoll-Gemisch gehörten. Auch das

Alter der Jacke konnten sie etwa bestimmen. Nach ihren Angaben konnte sie nicht älter als drei Monate gewesen sein. Eine Nachfrage bei den Eltern ergab, dass sie eine solche Jacke vor zweieinhalb Monaten gekauft hatten.

Die Gipsabdrücke bewiesen, dass die Fußspuren am Fenster und am Tor von Jonas stammten, wie ein Vergleich mit seinen Schuhen ergeben hatte. Auch die Polizeipsychologin, die mit den Eltern, Verwandten, Lehrern und Bekannten der Eltern gesprochen hatte, konnte keine neuen Erkenntnisse liefern. Sie bestätigte im Wesentlichen das, was der Klassenlehrer bereits über Jonas ausgesagt hatte.

Als nach 14 Tagen immer noch keine Spur gefunden worden war, nahmen die Beamten der Sonderkommission an, dass Jonas verunglückt sein könnte. Noch einmal begann eine groß angelegte Suchaktion, an der sich zwei Hundertschaften der Polizei, eine Hubschrauberstaffel und zwei Tornados der Bundeswehr beteiligten. Die Flugzeuge waren mit empfindlichen Infrarotkameras ausgerüstet, die auf geringe Wärmeunterschiede reagieren. Alle Waldstücke, Felder und Gärten, Gräben, Bäche und Seen im weiten Umkreis wurden abgesucht. Vergeblich – gefunden wurde nichts.

Nach fünf Wochen bekamen die Ermittler zum ersten Mal einen Hinweis, der eine brauchbare Spur sein mochte. Dem Besitzer einer Tankstelle, die an der nach Berlin führenden Bundesstraße liegt, war ein schwarzen BMW der 300er Reihe, Baujahr 2001 oder 2002, aufgefallen. Der Fahrer des Fahrzeuges hatte bei ihm getankt. In dem Wagen glaubte er einen Jungen gesehen zu haben, auf den die Beschreibung passen konnte. Der Mann sei etwa 40 Jahre alt gewesen und mittelgroß, habe schütteres Haar gehabt, das auf dem Hinterkopf bereits eine entstehende Glatze erkennen ließ. Bekleidet war er mit Jeans und Sweatshirt. Seine Rechnung hatte er bar bezahlt. Der Tankwart hatte sich erst jetzt gemeldet, da er nach einem Herzinfarkt im Krankenhaus gelegen hatte und sich erst nach der Entlassung wieder an den Mann erinnerte.

Über den Mann und den Jungen fanden die Ermittler trotz vielfältiger Hilfestellungen nicht mehr heraus. Was den BMW anbelangte, so wusste der Tankwart noch, dass das Auto breite Sportfelgen und am Heck ein Spoiler hatte. An das Nummernschild konnte er sich nicht mehr sicher erinnern. Er glaubte jedoch, dass es mit HR anfing.

Kriminalhauptkommissar Hohlbein und seine Sonderkommission gingen dieser Spur nach. Von der zentralen Kraftfahrzeugzulassungsstelle ließen sie sich alle schwarzen BMWs der Jahrgänge 2000 bis 2004 heraussuchen, deren Kennzeichen mit HR (für Hansestadt Rostock) begann. Ein Computer-Ausdruck mit 2463 Namen lag zwei Tage später auf ihrem Tisch. Die Beamten teilten die Kraftfahrzeughalter unter sich auf und begannen mit ihren Nachforschungen: Jeder einzelne Fahrzeughalter wurde aufgesucht. Wurde er, seine Frau oder seine Lebensgefährtin nicht angetroffen, holte man in der Nachbarschaft Informationen ein. Erst wenn die Beamten absolut sicher waren, dass der Fahrzeughalter nichts mit dem Fall zu tun hatte, wurde er von der Liste gestrichen. Da inzwischen Ferienzeit war, gestalteten sich die Nachforschungen äußerst mühsam.

Nach etlichen Tagen konnten die Vermittler einen Erfolg verbuchen: Sie hatten den Halter des Wagens, der an der Tankstelle getankt hatte, gefunden. Er wohnte in einem Vorort von Rostock.

In der Auffahrt vor dem Haus stand ein schwarzer BMW. Er hatte einen Heckspoiler und breite Sportfelgen aus Aluminium – das entsprach der Beschreibung des Tankstellenbesitzers. Die Frau des Hauses, Ende 30, war vollkommen überrascht, als plötzlich zwei Kriminalbeamte und zwei uniformierte Polizisten vor ihr standen. Noch erstaunter war sie über die Fragen, die ihr gestellt wurden. Nur langsam schien sie zu begreifen, worum es ging. Der Ehemann war nicht zu Hause. Er arbeitete in Rostock in einem Reedereibüro. Zwei Beamte – ein Kriminalbeamter und ein Polizist in Uniform – fuhren unverzüglich dorthin.

Die Frau wollte ihren Mann telefonisch über den bevorstehenden Besuch der Polizei informieren. Die Beamten konnten das jedoch verhindern und begannen mit der Vernehmung. Leider zeichnete sich ab, dass sich die vielversprechende Spur als Flop erwies: Die Frau konnte sich mit Hilfe eines Terminkalenders, der in der Küche hing, daran erinnern, dass ihr Mann an dem besagten Tag unterwegs nach Hannover gewesen sei, um ihren gemeinsamen Sohn von der Großmutter abzuholen. Die beiden seien erst spät in der Nacht zurückgekommen. Ob ihr Mann irgendwo angehalten hätte, um zu tanken, konnte sie nicht sagen. Auf Bitten der Beamten holte sie ihren Sohn, der gerade bei einem Freund spielte. Er war etwa zehn Jahre alt, mittelgroß und stämmig. Von ihm erhielten die Beamten die Auskunft, dass sie auf dem Rückweg an einer Tankstelle angehalten hätten. Wo, das wusste er nicht mehr, weil er die meiste Zeit geschlafen hatte.

Die Beamten beschlagnahmten den Wagen, um ihn sicherheitshalber auf Spuren untersuchen zu lassen. Es blieb bei dem Ergebnis, das die Beamten bereits befürchtet hatten: Die Ermittlungen ergaben nichts, wie schon Hunderte von Spuren zuvor. Die Aussagen des Ehemannes stimmten mit dem, was seine Frau und sein Sohn ausgesagt hatten, überein. Die Großmutter, die in Hannover von der dortigen Polizei befragt wurde, gab das Gleiche an. Bewohner des Hauses, in dem die alte Dame wohnte, bestätigten ihre Aussage: Sie hatten den Jungen gesehen. Die Beamten der Spurensicherung hatten auch nichts gefunden, obwohl sie jeden Millimeter im Inneren des BMW nach Fasern absuchten, die mit den am Fenster des Schullandheimes gefundenen übereinstimmten. – Man war, was die Ermittlungen anbelangte, in eine Sackgasse geraten.

Drei Monate waren seit Jonas' Verschwinden vergangen. Die Sonderkommission war auf eine Gruppe von fünf Beamten geschrumpft und Kriminalhauptkommissar Hohlbein ging wieder seinen Routinearbeiten nach. Die Leitung der Gruppe hatte ein junger Kriminalkommissar übernommen. Trotz der vielen Arbeit konnte sich Peter Hohlbein nicht damit abfinden, im Fall »Jonas« versagt zu haben, und so hielt er weiterhin Ausschau nach Hinweisen, die ihn auf eine Spur bringen konnten. Eine Meldung im Radio ließ ihn aufhorchen: Südlich von Waren an der Müritz war die Hand eines Kindes gefunden worden. Der Hund eines Wanderers hatte sie im Schilfgürtel am Ufer aufgestöbert. – Kriminalhauptkommissar Hohlbein war wie elektrisiert. Konnte es hier einen Zusammenhang zum Fall »Jonas« geben? Sollte das endlich die lang ersehnte Spur sein?

Noch von zu Hause aus rief Peter Hohlbein die Polizeistation an, die diesen Fall wahrscheinlich bearbeiten würde. Von seinem Kollegen erfuhr er, dass nicht die Hand, sondern nur die Haut einer Kinderhand (es handelte sich um die einer rechten Hand) gefunden worden war. Sie war in Höhe des Handgelenkes abgetrennt und wie ein Handschuh vom Fleisch abgezogen worden. Bis auf den Daumen waren alle Finger noch erhalten. Die Haut sei inzwischen in der Rechtsmedizin zur weiteren Untersuchung. Der Kriminalhauptkommissar rief sofort in der Rechtsmedizin an und sprach mit dem Pathologen, der die Untersuchung durchführte. Von ihm erfuhr er weitere Details. Nach Überzeugung des Arztes gehörte die Hand zu einer Wasserleiche, einem Jungen, der zwischen elf und 13 Jahre alt gewesen sein musste. Nach dem Zustand der Haut musste die Leiche schon lange im Wasser gelegen haben. Wie lange, darauf wollte sich der Pathologe nicht festlegen. Peter Hohlbein kündigte an, dass er dem Pathologen Fingerabdrücke schicken würde, die er im Zimmer von Jonas hatte nehmen lassen. Sie sollten mit denen der Haut verglichen werden.

Um die Fingerabdrücke von der Haut abnehmen zu können, trennte der Pathologe die Haut von den Fingern ab und legte sie getrennt in je ein Gefäß mit Wasser, damit die Haut geschmeidig blieb. Die Gefäße wurden beschriftet, damit es keine Verwechslungen gab. Dann streifte er sich die abgeschnittenen Finger nacheinander vorsichtig – damit die Haut nicht beschädigt wurde – über seinen kleinen Finger und rollte sie auf einer präparierten Unterlage ab. Die so abgenommenen Abdrücke schickte er zusammen mit den Unterlagen, die er von Hohlbein erhalten hatte, in das kriminaltechnische Labor zum Vergleich. Zwei Tage später erhielt der Polizeihauptkommissar die Nachricht, dass die Abdrücke übereinstimmten. Trotz der Tragik des Falls war Peter Hohlbein erleichtert. Er übernahm den Fall zur weiteren Bearbeitung.

Inzwischen waren Taucher der Polizei zur Suche nach der Leiche in der Müritz zusammen mit mehreren Beamten der uniformierten Polizei eingesetzt worden. Sie hatten Reste einer Leiche gefunden. Die rechte Hand allerdings fehlte. Anhand von Zahnarztunterlagen und anhand eines Fingerabdrucks vom Mittelfinger konnte das tote Kind eindeutig als Jonas identifiziert werden. Die Eltern identifizierten die geborgenen Kleidungsstücke. Dass Jonas' Leiche gefunden worden war, war für sie eine große Erleichterung – nach all den Wochen des Hoffens und Bangens gab es nun endlich Gewissheit.

Für Kriminalhauptkommissar Hohlbein bestand nun die Aufgabe darin, herauszufinden, was mit Jonas geschehen war, wer für seinen Tod verantwortlich war und den Täter seiner gerechten Strafe zuzuführen. Die Leiche oder das, was die Fische und Aale von ihr übrig gelassen hatten, und seine Kleidung wurden zur Rechtsmedizin nach Rostock überführt und dort auf Spuren untersucht. Das Ergebnis war eindeutig: Jonas war nicht ertrunken. Es fehlten die Kieselalgen im Gewebe des Toten.

Ertrinkt der Mensch, so nimmt er mit dem Wasser, das er schluckt und einatmet, mikroskopisch kleine Algen auf. Sie gelangen ins Blut und werden von diesem durch den ganzen Körper transportiert. Gelangt ein bereits toter Körper ins Wasser, so fehlen diese Algen, da bereits kein Blut mehr durch den Körper gepumpt wird.

Die genaue Todesursache konnte jedoch nicht ermittelt werden, da der Körper schon zu sehr zerstört war. Es gab allerdings Anzeichen, dass der Junge wahrscheinlich erstickt war. Jedoch konnte auch das nicht mit Sicherheit gesagt werden. Die Kleidungsstücke des Jungen wurden im Polizeilabor genauestens untersucht. An der Jacke und der Hose wurden verschiedene Stofffasern gefunden. Die meisten stammten von einer grünen Dralondecke, andere von einer schwarzen Baumwollhose, wahrscheinlich einer Jeans. Der weitaus interessanteste Fund wurde auf der Unterhose des Toten gemacht: Es waren Spermaspuren, die das Wasser noch nicht zerstört hatte. Sie reichten für eine DNA-Analyse aus. Das Ergebnis war verblüffend, denn die DNA war der von Jonas ähnlich. Das bedeutete: Wer immer sich an Jonas vergangen haben mochte – und dass der Junge missbraucht worden war, davon war Kriminalkommissar Hohlbein nach den vorliegenden Erkenntnissen überzeugt – war mit ihm verwandt.

Der Personenkreis, in dem der Täter zu suchen war, hatte sich damit eingeschränkt. Zwei Tage lang studierten Kriminalhauptkommissar Hohlbein und die Beamten der Sonderkommission die Vernehmungsprotokolle der Personen aus Jonas' Umfeld, dann glaubte Peter Hohlbein einen Hinweis auf den Täter entdeckt zu haben: Der Bruder von Jonas' Vater hatte ausgesagt, dass er, der Onkel, ein ausgesprochen gutes Verhältnis zu Jonas gehabt habe. Damals war es nicht als ungewöhnlich aufgefallen, doch jetzt, nach dem neuesten Stand der Ermittlungen, konnte man das Gesagte auch anders deuten.

Peter Hohlbein fuhr mit einem seiner Beamten zu Jonas' Eltern und erkundigte sich nach dem Verhältnis ihres Sohnes zu seinem Onkel. Die Eltern ahnten nichts von dem Verdacht, den der Hauptkommissar hegte. Sie gaben bereitwillig Auskunft. Danach standen sich die beiden, schon seit Jonas noch sehr klein war, sehr nahe. Der Bruder des Vaters war Jonas' Patenonkel. Er hatte sich immer rührend um Jonas gekümmert: hatte ihn zum Eisessen eingeladen, war mit ihm in den Zoo und ins Kino gegangen und hatte viel mit ihm unternommen. Jonas' Mutter glaubte, dass Jonas ein besseres Verhältnis zu ihrem Schwager gehabt hatte als zu seinem Vater. Ihr war manchmal die übertriebene Fürsorge des Schwagers auf die Nerven gegangen und sie hätte ihm am liebsten Einhalt geboten, doch ihr Mann sei dagegen gewesen. Außerdem glaubte sie, dass er sich so um den Jungen gekümmert habe, weil er selbst nicht verheiratet war und keine Kinder hatte.

Die Beamten fuhren zurück zum Präsidium, besorgten sich einen Durchsuchungsbefehl und fuhren zur Wohnung des Onkels. Sie lag nur 15 Minuten von Jonas' Zuhause entfernt. Als Kriminalhauptkommissar Hohlbein mit seinen Beamten und der Spurensicherung bei der Wohnung ankam, war wohl niemand zu Hause, denn auf ihr Klingeln wurde nicht geöffnet. Peter Hohlbein ließ die Eingangstür von einem Spezialisten für Türschlösser mit einem Nachschlüssel öffnen. In der Wohnung war es totenstill. Die Beamten fanden Jonas' Onkel leblos auf dem Bett liegend. Auf dem Boden lag eine Spritze. Der Polizeiarzt, der sofort herbeigerufen wurde, konnte nur noch den Tod feststellen, der vermutlich durch eine Überdosis Heroin verursacht worden war, die sich der Tote selbst gespritzt haben musste. Jonas' Onkel war bereits seit ungefähr drei Tagen tot.

Auf dem Esstisch in der Stube lag ein Abschiedsbrief. Darin gestand er, Jonas getötet zu haben. Es sei ein Versehen gewesen. Wie er schrieb, hatte er sich schon immer sehr zu Jungen hingezogen gefühlt. In Jonas war er regelrecht verliebt gewesen. Als Jonas auf Klassenfahrt gewesen war, war er ihm dorthin gefolgt und hatte eine Gelegenheit abgewartet, um allein mit dem Jungen zu sprechen. Er hatte seinen Neffen zu einer Nachtwanderung an der Ostsee überredet und am Tor auf ihn gewartet. Gegen 1 Uhr war Jonas dann erschienen. Sie waren zu seinem Wagen gegangen und zusammen an die Ostsee gefahren. Hier hatte er Sex mit Jonas gehabt. Alles war in Ordnung gewesen, bis der Junge plötzlich zu schreien begonnen hatte und sich nicht mehr beruhigen wollte. Er, der Onkel, hatte Jonas die Hand auf Mund und Nase gedrückt. Als der Junge verstummt war, hatte er sie wieder weggenommen, um mit Jonas zu reden. Dabei hatte er festgestellt, dass Jonas erstickt war. Er hatte ihn daraufhin in eine grüne Decke eingewickelt und zur Müritz gebracht. Dort hatte er ihm aus Angst, dass man die Leiche identifizieren könnte, die rechte Hand über dem Handgelenk abgeschnitten und von ihr die Haut abgezogen. Dann hatte er nicht gewusst, was er damit machen sollte, und alles im Wasser versenkt. Als er im Radio von dem Fund der Hand hörte, wusste er, dass es nicht lange dauern würde, bis man ihn verdächtigen würde. Da er mit seiner Tat nicht leben könne, hätte dies nur den letzten Anstoß gegeben, um die Tat mit seinem Leben zu sühnen. Jonas' Eltern bat er um Verzeihung.

KAPITEL 2

MÖRDERISCHES GIFT – EINE HERAUSFORDERUNG FÜR DIE TOXIKOLOGEN DER RECHTSMEDIZIN

Eine Kreuzfahrt in der Karibik

Ein fataler Fehler

Carmen Friedrich hatte ihr Ziel erreicht. Endlich hatte sie ihren Ehemann Herbert-Karl dazu gebracht, gemeinsam mit ihr eine Kreuzfahrt in der Karibik zu unternehmen. Auf ihrem Gesicht lag ein zufriedener Zug, als sie sich in den Sessel der 1. Klasse der Lufthansa-Maschine gleiten ließ, die sie von Frankfurt nach Mexiko City bringen sollte. Ihr Mann Herbert-Karl Friedrich machte auf die Stewardess, wie sie später zu Protokoll gab, einen eher unzufriedenen Eindruck. Auf ihre Fragen reagierte er beim Abflug kurz angebunden und etwas unwirsch. Am Ende des elfstündigen Fluges wirkte er allerdings entspannter und gelöster. Seine Frau hatte sich während des Fluges sehr liebevoll um ihn bemüht, was offenbar Früchte getragen hatte. Dieser Stimmungswechsel bei Herbert-Karl Friedrich war der

Grund, warum sich die Stewardess noch Monate später, trotz der vielen Hundert Menschen, die sie seitdem betreut hatte, noch an diese beiden Passagiere erinnern konnte.

Herbert-Karl Friedrich war 45 Jahre alt und ein bisschen rastlos. Ohne seine Aktentasche mit irgendwelchen wichtigen Papieren und ein ständig klingelndes Handy sah man ihn fast nie. Das war auch kein Wunder, denn er war der Besitzer eines der größten Bauunternehmen im Süddeutschen Raum. Tafeln, die auf Aktivitäten der Friedrich AG hinwiesen, konnte man auf Baustellen überall in der Welt sehen. Herbert-Karl hatte das Unternehmen von seinem Vater geerbt. Damals war es nur eine kleine Firma mit fünf Gesellen gewesen. Mit 22 Jahren war er Chef geworden. 20 Jahre später war er Herr über einen weltweit operierenden Konzern, der pro Jahr Umsätze im Milliardenbereich machte.

Der Preis, den er für seine Leistungen zahlen musste, war ein gescheitertes Familienleben. Carmen war seine dritte Frau. Seine erste Frau hatte sich nach zehn Jahren von ihm scheiden lassen, weil sie mehr von ihrem Leben erwartet hatte, als allein zu Hause zu sitzen und auf den Mann zu warten – der, wenn er überhaupt kam und nicht kurzfristig auf Geschäftsreise ging, meistens erst gegen Mitternacht eintraf. Seine zweite Frau hatte es nur vier Jahre mit ihm ausgehalten. Sie lebte jetzt mit einer satten Abfindung in Marbella und genoss das Leben im Jet-Set.

Carmen, seine dritte Frau, hatte er vor zwei Jahren in Mexiko kennengelernt. Es war auf einer Party gewesen, die die Regierung anlässlich der Fertigstellung eines Bauprojektes gegeben hatte. Carmen war ihm wegen ihrer wohlgeformten Rundungen aufgefallen. Sie war schön und voller Temperament ... und 25 Jahre jünger als er.

Ein halbes Jahr später waren sie verheiratet. Ein paar Monate gefiel es ihr, in diesem Reichtum zu leben, danach begann das Leben im goldenen Käfig sie zu langweilen. Sie ging allein auf Partys und verschleuderte das Geld ihres Mannes für alle möglichen Extravaganzen, bis ihr Herbert-Karl einen Riegel vorschob und ihre Ausgaben durch drastische Maßnahmen erheblich einschränkte – nicht etwa, weil er es sich nicht leisten konnte, nein, es ärgerte ihn, dass seine Frau über vierhundert Paar Schuhe im Schrank hatte, von denen sie die Hälfte noch nie getragen hatte. Er war zwar nicht geizig, hatte aber dennoch nicht vergessen, aus welchen Verhältnissen und unter welchen Kraftaufwendungen er sich emporgearbeitet hatte. Carmen empfand es als demütigend, dass sie nun ihren Mann bei größeren Ausgaben fragen musste. Sie verbrachte ihre Abende weiter in In-Klubs bis sie eines Tage feststellte, dass sie schwanger war. Nicht von ihrem Mann, sondern von einem flüchtigen Bekannten. Als Katholikin kam eine Abtreibung für sie nicht in Betracht.

Kinder hatte Herbert-Karl Friedrich aus seiner zweiten Ehe keine. Mit seiner ersten Frau hatte zwei Kinder: einen Sohn, der als Direktor für die Auslandsgeschäfte im Konzern arbeitete, und eine Tochter, die mit einem Bio-Chemiker verheiratet war und in Basel lebte, wo ihr Mann Leiter der Forschungsabteilung eines Pharmakonzerns war. Das Verhältnis zu seiner Tochter war gespannt. Sie hatte ihm die Scheidung nie verziehen. Das Verhältnis zu seinem Sohn war nicht wesentlich anders. Ihre Kontakte beschränkten sich zumeist auf berufliche Treffen. Vielleicht lag das daran, dass sowohl Vater als auch Sohn Arbeitstiere und extrem ehrgeizig waren. Der Sohn war unverheiratet, lebte aber mit wechselnden Partnerinnen zusammen.

Von Mexiko City aus flogen Carmen und Herbert-Karl Friedrich weiter nach Merida auf Yukatan, wo sie eine Woche blieben. Sie wohnten in einer Suite im vornehmsten Hotel der Stadt. Carmen besuchte täglich ihre Eltern, die hier lebten, und traf sich mit Freunden und Bekannten. Herbert-Karl begleitete seine Frau nur gelegentlich, die meiste Zeit blieb er im Hotel und kümmerte sich von hier aus um seine Geschäfte.

Am vorletzten Tag vor ihrer Weiterreise traf Herbert-Karls Sohn ein. Er war auf dem Weg nach Costa Rica, zu einer Baustelle der Firma, und wollte mit seinem Vater noch einige Fragen im Vertragswerk »Costa Rica« besprechen. Carmen brachte er als Entschädigung, dass er ihren Mann im Urlaub behelligte, einen kostbaren Schal mit. Er war in Plastik eingeschweißt und in goldenes Geschenkpapier verpackt. Die Idee für das Geschenk hatte seine Schwester gehabt. Sie hatte es auch für ihn besorgt. Carmen nahm es mit ein paar kühlen Worten zur Kenntnis und zog sich offenbar verärgert über die Störung des Urlaubs zurück.

Drei Tage später flog das Ehepaar Friedrich nach Miami, von wo aus es auf einem Luxussegler einen zweiwöchigen Karibiktörn gebucht hatte. Auf dem Segler hatte Carmen zwei Kabinen gebucht. Falls einer von Ihnen seekrank werden sollte, sollte der andere nicht mitleiden müssen, hatte sie ihrem Mann gesagt, der verwundert nach dem Grund dafür gefragt hatte. Beide genossen den Sonnenuntergang auf dem Meer. Carmen kümmerte sich liebevoll um ihren Mann, was selbst ihren Tischnachbarn auffiel und bei dem einen oder anderen Mann Neidgefühle hervorgerufen haben dürfte.

Am ersten Abend, nach dem Mitternachtsbuffet, überredete Carmen ihren Mann, sie noch an Deck zu begleiten. Eine frische Brise wehte über das Deck. Ein junges Pärchen, das sich unweit von ihnen im Dunkeln der Aufbauten eng umschlungen hielt, sah, wie Carmen ihrem Mann liebevoll einen Schal um den Hals legte. Beide machten ein paar scherzhafte Bemerkungen darüber, dass Carmen Handschuhe trug, denn wenn es auch frisch war – durch den Wind –, so war es doch nicht so kalt, dass man Handschuhe gebraucht hätte.

Die nächsten Tage verliefen ruhig und harmonisch. Carmen war wie ausgewechselt. So liebevoll hatte Herbert-Karl seine Frau nur in den Wochen vor ihrer Hochzeit und kurz danach erlebt. An den ersten beiden Tagen nahmen sie gemeinsam an allen Landausflügen teil. Danach blieb Herbert-Karl in seiner Kabine. Er verließ sie nur einmal in der Frühe, um zu frühstücken. Die anderen Mahlzeiten ließ er sich in der Kabine servieren. Er hatte sich erkältet und fühlte sich zerschlagen. Carmen sollte unter seiner Unpässlichkeit nicht leiden und so bestand er darauf, dass sie an allen Aktivitäten teilnahm. Carmen tat das nur schweren Herzens und sie gestand ihren Mitreisenden, dass sie viel lieber an Bord bleiben würde, um sich um ihren Mann zu kümmern.

Die Erkältung verschlimmerte sich am nächsten Tag und auch am übernächsten Tag, sodass Carmen den Bordarzt um Rat fragte. Der untersuchte Herbert-Karl und diagnostizierte eine Grippe. Um andere Passagiere nicht anzustecken, wurde Herbert-Karl in den Sanitätsbereich in Quarantäne gelegt. Auch Carmen durfte mit ihrem Mann nur noch durch eine Glasscheibe sprechen. Eine Situation, die schwer auf ihr lastete. Auch wenn sie es den Mitreisenden nicht gesagt hätte, so hätten diese es ihr doch ansehen können, wie sie litt. Trotz ihrer natürlichen Bräune wirkte sie bleich und hatte dunkle Ränder unter den Augen. Die Medikamente, die der Arzt Herbert-Karl verschrieben hatte, verbesserten seinen Zustand nicht. Carmen beschloss daher, als sie Kingston auf Jamaika anliefen, die Reise abzubrechen. Sie war der Überzeugung, dass sich ihr Mann an Land bei entsprechender Pflege besser erholen würde als auf einem Schiff, wo die schwankenden Bewegungen für den Körper nur zusätzlichen Stress bedeuteten. Der Kapitän und der Bordarzt unterstützten sie in ihrem Entschluss. Auch wenn sie nichts Entsprechendes äußerten, sah man es ihnen an, dass sie froh waren, den Ansteckungsgefahr vom Schiff zu wissen.

Carmen mietete im ersten Haus am Platz eine Suite mit zwei Schlafzimmern und einem Wohnraum. Außerdem engagierte sie über die Hotelleitung eine Krankenschwester, die eine optimale medizinische Versorgung sicherstellen sollte. Carmen tat alles, was in ihrer Macht stand, um die Genesung ihres Mannes zu fördern. Ihre Bemühungen waren umsonst. Der Zustand ihres Mannes verschlechterte sich von Tag zu Tag. Und noch bevor die Krankenschwester ihr den Vorschlag machen konnte, bestand sie selbst darauf, einen Arzt hinzuzuziehen.

Dieser diagnostizierte ebenfalls eine Grippe – wie zuvor der Schiffsarzt – und verschrieb entsprechende Medikamente. Als sich jedoch auch nach zwei weiteren Tagen der Zustand des Patienten nicht stabilisiert, sondern im Gegenteil weiter verschlechtert hatte, empfahl er, Herbert-Karl Friedrich in ein Krankenhaus zu verlegen. Carmen war sofort einverstanden. Am Morgen des dritten Tages nach der Einweisung ihres Mannes erhielt Carmen Friedrich vom Oberarzt der Intensivstation die Nachricht, dass ihr Mann in der letzten Nacht verstorben sei. Er hatte sich selbst zu ihr ins Hotel bemüht, um ihr zu erklären, dass der Zustand ihres Mannes schon so instabil gewesen sei, dass es dem Klinikpersonal trotz aller Maßnahmen nicht möglich gewesen sei, sein Leben zu retten. Dem Hotelmanager empfahl er, Frau Friedrich in einen anderen Raum zu verlegen und die Suite gründlich zu desinfizieren, da Herbert-Karl Friedrich möglicherweise an einer ansteckenden Grippe gestorben sei. Carmen Friedrich war wie erschlagen. Sie stand unter Schock, wie der Arzt sofort erkannte. Er gab ihr eine Beruhigungsspritze und wies die ihn begleitende Krankenschwester an, sich um die Frau zu kümmern.

Die Vorfahren von Oberarzt Jamon Raul hatten zu den ersten Afrikanern gehört, die auf diese Insel verschleppt worden waren. Er war stolz auf seine Herkunft und stolz auf sein Land, das er bis auf seine Studienzeit, die er in den USA absolviert hatte, nie verlassen hatte. Er war in Kingston geboren und hier lebte er seit über 50 Jahren. In der Stadt kannte er jeden und jeder kannte ihn. Wer glaubte, dass er, nur weil er in einem verhältnismäßig kleinen Inselkrankenhaus arbeitete, ein medizinischer Hinterwäldler wäre, der hatte sich schwer getäuscht. Das musste auch Carmen Friedrich bald feststellen: Auf seinem Fachgebiet war er ein wahrer Könner. Wegen seines breiten Wissens zog ihn die Polizei des Öfteren bei der Aufklärung kniffliger Fälle zu Rate – und das nicht nur auf Jamaika, sondern auch auf anderen karibischen Inseln.

Auf dem Rückweg vom Hotel fuhr er bei der Polizei vorbei, wo er seinen Freund Capitano Hernandez aufsuchte. Ihm eröffnete er, dass heute in den frühen Morgenstunden ein Patient, ein Deutscher, gestorben sei. Zwar deuteten alle Symptome, sowohl was er selbst im Krankenhaus festgestellt hatte, als auch, was ihm von der Krankenschwester geschildert worden war, auf eine jener tödlichen Grippen hin, wie sie immer wieder vorkommen. Er hatte den Toten, ohne die Erlaubnis der Ehefrau einzuholen, noch in der Nacht obduziert und dabei festgestellt, dass der Deutsche an einer seltenen Art von Grippevirus erkrankt gewesen war. Tatsächlich hatte er die Obduktion durchgeführt, weil er Zweifel an einem natürlichen Tod gehabt hatte.

Auf die Frage des Capitano, was er damit meine, antwortete der Oberarzt, dass er meine gelesen zu haben, dass bei Menschen, die sich mit Thallium vergiftet hatten, ähnliche Symptome wie bei einer schwere Erkältung oder Grippe auftreten würden. Thallium, so erklärte er weiter, sei früher ziemlich gebräuchlich gewesen und werde auch heute noch als Rattengift, zur Insektenbekämpfung und als Enthaarungsmittel eingesetzt. Da es ein geschmack- und geruchloser Stoff sei, werde es von den meisten Ärzten nicht erkannt und als Todesursache nicht Vergiftung, sondern Grippe festgestellt. Er sei auf den Gedanken gekommen, dass bei dem Tod des Deutschen Thallium im Spiel gewesen sein könnte, als er auf der Bettwäsche eine ganze Menge Körperhaare gefunden habe. Haarausfall ist das einzige Symptom, an dem man eine Thalliumvergiftung erkennen könne, fügte der Oberarzt hinzu. Er habe daraufhin auch den Schlafanzug des Verstorbenen untersucht und hier ebenfalls ungewöhnlich viele Haare gefunden. Eine mikroskopische Untersuchung habe seinen Verdacht bestätigt. Die Haarwurzeln hätten sich deutlich zurückgebildet, was der Grund dafür gewesen sei, dass sie ausgefallen waren. Da ihm kein plausibler Grund eingefallen war, wie der offensichtlich reiche Deutsche mit Thallium hätte in Berührung kommen können, musste er davon ausgehen, dass bei dem Tod nicht alles mit rechten Dingen zugegangen sei. Auch das Verhalten der Ehefrau, als er ihr vom Tod ihres Mannes berichtete, bestärkte ihn in dieser Annahme. Ihre Reaktion war ein wenig zu dramatisch gewesen, um echt zu wirken. Schließlich hätte sie bei dem Zustand ihres Mannes mit dem Schlimmsten rechnen müssen. Für ihn war es ein typisches Anzeichen: Menschen, die eine Gefühlssituation *spielten*, neigten meistens dazu, zu übertreiben. Um festzustellen, wie Carmen Friedrich auf die Nachricht vom Tod ihres Mannes reagieren würde, war er persönlich ins Hotel gefahren. Da man das Gift im Körper nur schwer nachweisen könne und er dafür mehr Zeit brauche, sollte im früheren Lebensbereich des Toten, zum Beispiel bei der Ehefrau, nach dem Gift gesucht werden.

Jamon Raul hatte außerdem dafür gesorgt, dass die Suite im Hotel von der Ehefrau geräumt wurde und von ihr oder dem Reinigungspersonal nicht mehr gründlich gesäubert werden konnte. Capitano Hernandez und der Oberarzt beschlossen, dass die Spurensicherung die Suite unter die Lupe nehmen sollte. Damit in dem frühen Stadium der Ermittlungen, in dem es nur einen Verdacht des Arztes gab, bei der Ehefrau kein Argwohn hervorgerufen würde, sollten sich die Männer der Spurensicherung als Beamte des Zentrums für Seuchenkontrolle ausgeben. Mit Recht vermuteten die beiden Männer, dass die Regierung die Angelegenheit bei der jetzigen Sachlage und entsprechendem Druck von Seiten des deutschen Botschafters unter den Tisch kehren würde.

Carmen Friedrich hatte, nachdem sie sich von der Beruhigungsspritze erholt hatte, ihren Stiefsohn und ihre Stieftochter angerufen und ihnen den Tod ihres Vaters mitgeteilt. Beide versprachen, sofort zu kommen und bei der Erledigung der Formalitäten zu helfen.

Während die Spurensicherung die Hotelsuite gründlich mit dem Staubsauger reinigte und auch unter den Teppichen und im Badezimmer jeden noch so kleinen Krümel einsammelte, studierte Dr. Raul die einschlägige Literatur. Im Internet wurde er fündig: Ein kanadischer Arzt hatte eine Methode entwickelt, wie man mit Hilfe von Gammastrahlen jedes im Haar befindliche Element bestimmen konnte. Im Labor stellte Jamon Raul die Versuche des kanadischen Arztes nach und hatte Erfolg: Die untersuchten Haare enthielten Thallium, und zwar in einer Größenordnung, die unweigerlich zum Tode führen musste. Diese Tatsache allein besagte jedoch noch gar nichts. Da Thallium ein weitverbreitetes Mittel zur Ungezieferbekämpfung ist, war natürlich auch die Möglichkeit nicht auszuschließen, dass der Deutsche aus Versehen damit in Berührung gekommen und sein Tod ein tragischer Unfall war. Es galt also herauszufinden, wo und auf welche Weise der Deutsche das tödliche Gift zu sich genommen hatte.

Am nächsten Tag erhielt der Oberarzt den Inhalt des Staubsaugerbeutels und die Proben aus dem Badezimmer. Er suchte nach Spuren von Thallium und fand sie auch. Um sicherzugehen, dass er sich nicht geirrt hatte, untersuchte er die Gewebeproben, die er von der Leiche des Deutschen genommen hatte, noch einmal. Das Ergebnis war eindeutig: Die Menge an Thallium, die er fand, überstieg die tödliche Dosis bei Weitem. Aber Dr. Raul war noch nicht zufrieden. Er bat seinen Assistenten, die Untersuchungen in seinem Beisein ein weiteres Mal zu wiederholen. Und er forderte ihn auf, der Leiche neue Gewebeproben zu entnehmen. Das Ergebnis bestätigte die ersten Messungen des Arztes. Daraufhin informierte Jamon Raul den Capitano über die Untersuchungsergebnisse und seine Schlussfolgerungen.

Für Capitano Hernandez galt es nun, die Frage zu klären, ob es sich um einen Unfall oder Mord handelte. Er beauftragte einen seiner Beamten, Frau Friedrich zu überwachen. Ein zweiter Beamter sollte herausfinden, was die Frau seit ihrem Aufenthalt in Kingston getan hatte: Wen sie besucht hatte und Ähnliches. Er selbst suchte sie auf, um sie über die Ergebnisse der Untersuchungen des Arztes zu informieren. Obwohl er sich sehr jovial und mitfühlend gab, entging ihm keine Gefühlsregung der Frau. Sie war geschockt, was verständlich war, reagierte aber nicht übertrieben – weder aggressiv noch zu gleichgültig. Sollte sie am Tod ihres Mannes schuldig sein, dann war sie nach seiner Überzeugung eine gute Schauspielerin. Carmen Friedrich wollte wissen, wann der Leichnam ihres Mannes freigegeben werden würde. Sie wollte die Leiche verbrennen lassen und danach so schnell wie möglich zusammen mit der Urne nach Deutschland fliegen, da es dort viel zu regeln gab. Der Capitano erklärte ihr, dass es unter diesen Umständen noch einige Tage dauern werde, bevor die Leiche freigegeben werden könne. Er gab sich voller Mitgefühl, als er Carmen Friedrich versprach, alles zu unternehmen, was in seiner Macht stehe, um den Vorgang zu beschleunigen. Carmen Friedrich bemerkte nicht, dass er vorhatte, genau das Gegenteil zu tun. Er informierte seinen Vorgesetzten, den Polizeipräsidenten, über den Vorfall und seine Vermutungen sowie über die bisherigen Untersuchungsergebnisse und bat ihn, den Innenminister zu unterrichten, damit dieser vorbereitet sei, falls der deutsche Botschafter beim Präsidenten Druck machen würde. Der Polizeipräsident stimmte den geplanten Maßnahmen zu und versprach dem Capitano, ihm die nötige Zeit zu verschaffen.

Die Meldungen der Beamten, die er auf Carmen Friedrich angesetzt hatte, brachten keine Ergebnisse. Die Frau hatte sowohl vor als auch nach dem Tod ihres Mannes ein Leben geführt, wie man es von einer Frau erwarten würde, die einen schwer erkrankten Mann zu Hause hatte beziehungsweise deren Mann gerade gestorben war. Einen Hinweis darauf, wo sie sich das Thallium besorgt haben könnte, gab es nicht.

Als das Kreuzfahrtschiff auf seiner Rückfahrt nach Miami wieder in Kingston anlegte, suchte Capitano Hernandez den Kapitän auf und erzählte ihm, was inzwischen passiert war. Er bat ihn, die Kabine der Eheleute Friedrich untersuchen und die Passagiere vernehmen zu dürfen. Selbstverständlich stimmte der Kapitän zu, denn er wusste nur zu gut: Der Wunsch des Capitano war so gut wie ein Befehl. Die Experten der Spurensicherung arbeiteten mit großer Sorgfalt. Und der Capitano unterhielt sich derweil mit den Passagieren, wobei er erfuhr, dass sie alle eine gute Meinung von Carmen Friedrich hatten, weil sie sich rührend um ihren kranken Mann gekümmert hatte. Er hörte außerdem, dass Carmen in einer lauen Dezembernacht Handschuhe getragen hatte, als sie ihrem Mann den Schal um den Hals gelegt hatte.

Dank der guten Kooperation des Kapitäns konnte der Segler pünktlich ablegen. Das von der Spurensicherung sichergestellte Material wurde in das Labor von Dr. Raul gebracht. Was das Liebespärchen bezüglich der Handschuhe und des Schals beobachtet hatte, wurde ihm berichtet. Dr. Raul untersuchte daraufhin den Schal und fand Hinweise auf den seltenen Grippeerreger. Daraus konnte allerdings nicht der Schluss gezogen werden, dass der Schal absichtlich verseucht worden war, denn schließlich hatte der Deutsche ihn ja während seiner Krankheit getragen. Er machte Vergleichsuntersuchungen mit anderen Kleidungsstücken und stellte fest, dass es auch dort Krankheitserreger gab – jedoch deutlich weniger als auf dem Schal. Die Proben, die ihm die Spurensicherung gebracht hatte, enthielten wiederum Thallium.

Für den Arzt und den Capitano ergab sich daraus folgendes Bild: Das Thallium, mit dem der Deutsche vergiftet worden war, stammte nicht aus Jamaika. Es musste von dem Ehepaar oder einem von ihnen an Bord gebracht worden sein, denn sowohl der Kapitän als auch der Bordarzt hatten dem Capitano versichert, dass sie dieses Gift nicht an Bord hatten. Die Grippeviren konnten ebenfalls eingeschleppt worden sein, den Deutschen also bereits an Bord angesteckt haben. Da die Ehefrau es offenbar verstanden hatte, weder mit den Viren noch mit dem Gift in Kontakt zu kommen, sprach vieles dafür, dass sie von beidem gewusst hatte – ja, dass sie der Verursacher der Krankheit und der Vergiftung war. Für den Capitano stand fest: Carmen Friedrich war die Mörderin ihres Mannes. Und Dr. Raul war ganz seiner Meinung. Nur, etwas zu glauben oder es zu wissen heißt noch längst nicht, dass man es auch beweisen kann. Also machten sich die beiden daran, nach hieb- und stichfesten Beweisen zu suchen.

Inzwischen waren die Tochter des Verstorbenen aus Deutschland und sein Sohn aus Costa Rica in Kingston eingetroffen. Hermann Friedrich, der Sohn, erklärte, dass die unausgesprochenen Unterstellungen der Polizei absurd seien, und kümmerte sich persönlich um die Freigabe der Leiche. Dazu suchte er den Botschafter auf und überzeugte ihn davon, dass er dafür sorgen müsse, dass die Leiche unverzüglich seiner Familie zu Bestattung ausgehändigt werde. Anschließend suchte er ein Bestattungsunternehmen auf und traf alle Vorbereitungen für eine sofortige Feuerbestattung.

Der Botschafter wurde bei der Regierung vor Jamaika vorstellig, hatte jedoch nicht den erwünschten Erfolg. Der Innenminister, vorgewarnt durch den Polizeichef, versprach zwar zu helfen, wies aber auf die Verordnungen und Gesetze seines Landes hin. Hermann Friedrich, vom Botschafter über die Situation informiert, rief daraufhin den deutschen Außenminister an, den er von verschiedenen Auslandsbesuchen her, die er als Wirtschaftsfachmann begleitet hatte, persönlich kannte, und beschwerte sich über die mangelnde Autorität des Botschafters, die unmögliche Bürokratie der jamaikanischen Behörden und die geringe Hilfsbereitschaft der Regierung. Der Außenminister wiederum setzte sich telefonisch mit seinem jamaikanischen Kollegen in Verbindung und erwirkte, dass der Leichnam unverzüglich freigegeben wurde.

Die Polizeibehörde wurde informiert und Capitano Hernandez gab die Nachricht unverzüglich an Dr. Raul weiter. Beide Beamte folgten der Leiche vom Krankenhaus, wo sie im Kühlraum gelagert worden war, zum Krematorium. Sie waren aber noch in Begleitung eines dritten Mannes. Für den Capitano und den Oberarzt war es interessant, dass die Angehörigen des Deutschen keine Minute vergeudeten, den Toten einäschern zu lassen.

In der Trauerhalle des Krematoriums ließ der Capitano den Sarg unter Protest der Angehörigen noch einmal öffnen und den Leichnam erneut identifizieren. Die Identifizierung wurde von einem Rechtsanwalt protokolliert. Dann kam eine Bronzeplatte mit dem Namen und einer Identifikationsnummer in den Sarg. Beides wurde ebenfalls in das Protokoll eingetragen, das von allen Anwesenden unterschrieben werden musste. Als Letztes setzte der Rechtsanwalt sein Dienstsiegel darunter. Das Protokoll war nun ein amtliches Dokument. Als der Sarg in die Verbrennungskammer geschoben worden war und die feuersichere Tür sich senkte, verließ Capitano Hernandez in Begleitung von Jamon Raul und dem Rechtsanwalt die Trauerhalle.

In dem Arbeitsraum hinter der Verbrennungskammer warteten die drei Männer auf die Asche des Verstorbenen. Als die Kammer geöffnet war, zog ein Arbeiter die Rückstände der Verbrennung mit einem Stahlschieber über ein Sieb. Hier blieben alle groben Teile liegen, während die feine Asche in einen darunterliegenden Container fiel. Der Rechtsanwalt suchte mit einer Zange nach der noch heißen Bronzeplatte. Er notierte den Namen und die Identifikationsnummer. Dann übernahm er die Knochenstücke, die Dr. Raul eingesammelt hatte, gab sie in ein Gefäß und versiegelte es. Über all diese Vorgänge wurde wiederum Protokoll geführt. Dieses Schriftstück wurde von allen, einschließlich des Angestellten des Krematoriums, unterschrieben und zum Schluss ebenfalls versiegelt. Anschließend fuhren die drei zusammen ins Krankenhaus. Hier beauftragte Dr. Raul seinen Assistenten, die Knochenreste auf Thallium hin zu untersuchen.

Das Ergebnis war, wie Dr. Raul es erwartet hatte: Die Knochen enthielten selbst nach der Verbrennung noch eine tödliche Menge Thallium. Die Untersuchung und das Ergebnis wurden ebenfalls schriftlich festgehalten. Durch dieses aufwendige Verfahren konnte kein noch so schlauer oder windiger Rechtsanwalt die Tatsache in Frage stellen, dass sich in dem Körper des Verstorbenen eine tödliche Dosis Thallium befunden hatte, oder annehmen, dass die Messergebnisse oder der Tote vertauscht worden waren.

Capitano Hernandez suchte an diesem Tag noch einmal die Witwe auf, um sich zu erkundigen, an welchen Orten sich der Tote vor seinem Besuch in Kingston aufgehalten hatte. Da Hermann Friedrich bei diesem Besuch nicht zugegen war und seine Stiefmutter somit nicht anders beraten konnte, gab sie dem Capitano bereitwillig Auskunft über die einzelnen Stationen ihrer Reise seit sie Deutschland verlassen hatten. Als er diese Informationen hatte, rief er seinen Kollegen in Merida/Yukatan an und bat um Amtshilfe. Nach einer Woche rief dieser zurück. Er und seine Mitarbeiter hatten die Apotheke ausfindig gemacht, in der Carmen Friedrich Thallium zur Bekämpfung der Rattenplage im Haus ihrer Eltern gekauft hatte. Für den ermittelnden Beamten war es nicht sonderlich schwierig gewesen, herauszufinden, was genau Carmen zu welcher Zeit unternommen hatte. Da sie sich offenbar in Sicherheit gewiegt hatte, hatte sie keine Vorkehrungen getroffen, um ihre Aktivitäten zu verschleiern. Leichtsinnigerweise war sie immer mit den Taxis unterwegs gewesen, die vor dem Hotel bereitstanden. Die Fahrer, die sie gefahren hatten, ausfindig zu machen und sie dazu zu bewegen, dass sie erzählten, wohin sie Carmen gebracht hatten, war für den Kriminalbeamten ebenfalls zwar zeitaufwendig, aber eine Kleinigkeit. Mit Hilfe der Aussagen der Taxifahrer konnte er Carmens unterschiedliche Unternehmungen wie ein Puzzle Stück für Stück zusammensetzen, bis ein klares Bild entstand. Insbesondere der Name der Apotheke, der Name der Apothekenhelferin und die Menge an Thallium, die gekauft worden war, sowie die Aussage der Eltern, dass sie keine Ratten im Haus hätten, war für Capitano Hernandez von Interesse. Der Polizeibehörde in Kingston wurde auf dem Postwege ein abschließender Bericht zugesandt.

Auch Dr. Raul war in der Zwischenzeit fleißig gewesen. Teilweise übers Internet, zum Teil aber auch durch Telefonate mit den ihm bekannten Leitern von Forschungslaboratorien hatte er herausgefunden, welche Institute mit den in diesem Fall vorliegenden speziellen Grippeviren forschten. Es gab weltweit nur fünf Labore, darunter ein Pharmakonzern in Basel. Über die Wissenschaftsabteilung des Unternehmens ermittelte er den verantwortlichen Wissenschaftler – der denselben Nachnamen trug wie Carmen Friedrichs Stieftochter. In dem Gespräch, das Dr. Raul mit dem Forscher über die speziellen Grippeviren führte, erfuhr er beiläufig, dass Carmens Stieftochter die Ehefrau des Forschers war.

Mit diesen Informationen bat der Capitano die Polizeidienste in Basel und in Frankfurt, wo das Ehepaar Friedrich wohnte, nachzuforschen, ob Carmen oder die Stieftochter hier irgendwo einen Schal – wie den verseuchten – gekauft hatten. Da der Schal ein teures Stück und die Marke nicht herausgetrennt worden war, hatte die Polizei keine Schwierigkeiten, das betreffende Geschäft ausfindig zu machen. Der Verkäufer eines exklusiven Modegeschäfts in Basel konnte sich an den Verkauf erinnern und erkannte die Stieftochter als Käuferin wieder.

Die Polizei lud daraufhin den Ehemann von Carmen Friedrichs Stieftochter vor und konfrontierte ihn mit dem Vorwurf der Beihilfe zum Mord an Herbert-Karl Friedrich. Der Forscher war völlig überrascht. Er gab zu, den Schal zu kennen, über dessen weitere Verwendung aber nichts zu wissen. Nach einigem Zögern gab er zu, dass ihm vor einiger Zeit eine Ampulle mit den speziellen Grippeviren abhanden gekommen sei. Auf die Frage, warum er den Verlust nicht gemeldet habe, gab er an, dass er keine Panik habe auslösen wollen, denn wenn die Presse davon erfahren hätte, wären übertriebene Katastrophenberichte veröffentlicht worden – ein Argument, das die Beamten nachvollziehen konnten. Eine direkte Verbindung zum Mord oder zu seiner Planung konnten dem Forscher allerdings nicht nachgewiesen werden.

Die Beamten verhafteten nun die Ehefrau des Wissenschaftlers und konfrontierten sie mit den Ergebnissen ihrer Untersuchungen. Die Frau erkannte, dass nur ein Geständnis ihre Lage verbessern konnte und handelte für dieses Geständnis eine Art Kronzeugenbonus heraus. Sie sagte aus, dass ihre Stiefmutter die Idee gehabt habe, ihren Vater zu töten. Sie habe es, das hatte sie so gelesen, mit Hilfe von Gift tun wollen, das wie eine Grippe wirke und von den Ärzten meistens auch so diagnostiziert werde. Damit es nicht auffalle, habe sie den Mord in der Karibik begehen wollen, wo es um die Genauigkeit der medizinischen Diagnostik ihrer Meinung nach wesentlich schlechter stehe als in Deutschland. Das Gift habe sie sich in Mexiko besorgen wollen, wo man Thallium problemlos kaufen könne. Die Ansteckung mit einem Grippevirus sei nur als Tarnung gedacht gewesen. Hätte ein Arzt Verdacht geschöpft, dann wäre er bei seinen Untersuchung tatsächlich auf einen Grippevirus gestoßen. Dass sie ein ganz besonderes Virus aus dem Labor ihres Mannes entwendet hatte, habe sie nicht gewusst. Sie habe einfach die erste Ampulle genommen, die ihr in die Finger geraten sei, und den Schal mit dem Inhalt präpariert. Damit sich niemand ansteckte, hatte sie ihn in einer Plastiktüte verschweißt.

Die Baseler Polizei übergab den Fall daraufhin der Staatsanwaltschaft in Frankfurt. Diese ließ Carmen Friedrich verhaften und klagte sie des Mordes in einem besonders schweren Fall an. Carmen leugnete alle Anschuldigungen. Das nützte ihr genauso wenig wie die Versuche ihres Verteidigers, das Ganze als eine Intrige der Verwandtschaft gegen Carmen darzustellen. So wurde Carmen Friedrich wegen Mordes an ihrem Ehemann zu einer Höchststrafe verurteilt. Ihre Stieftochter erhielt in der Schweiz eine deutlich geringere Strafe: Sie hatte durch ihr Geständnis wesentlich zur Aufklärung des Falles beigetragen. Hermann Friedrich, den Carmen in ihre Tat hatte hineinziehen wollen, konnte keine Beteiligung an der Tat nachgewiesen werden. Er blieb straffrei und leitet heute den Baukonzern seines verstorbenen Vaters.

Der Todesengel von Waco

Ein junger Arzt klärt auf

Es war 3 Uhr morgens, als das Telefon im Ruheraum des Arztes, der Nachtdienst hatte, klingelte. Als er verschlafen den Hörer abnahm, hörte er die besorgte Stimme der Nachtschwester der Entbindungsstation, die ihm mitteilte, dass sich der Zustand des Babys mit der Nummer 213 verschlechtert habe. Sie befürchte das Schlimmste, er werde dringend gebraucht. Dr. James Hancock sprang von der Liege auf, griff das Stethoskop und eilte zur Entbindungsstation. Im Saal mit den Brutkästen wartete Nachtschwester Monica Mason auf ihn. Sie stand über den Brutkasten gebeugt da. Was genau sie tat, konnte der Arzt nicht erkennen. Als sie seine Schritte hörte, richtete sie sich auf. In ihren Augen standen Tränen. Sie schüttelte den Kopf. Der Arzt setzte sein Stethoskop auf die Brust des kleinen Körpers. Er hörte nichts. Das Herz, das gerade einmal fünf Tage alt war, hatte aufgehört zu schlagen.

Die schwierigste Aufgabe, die Dr. Hancock nun vor sich hatte, war es, der jungen Mutter den Tod ihres kleinen Mädchens mitzuteilen. Es war der Augenblick, in dem er zugeben musste, dass die ärztliche Kunst, dass er versagt hatte. Auch wenn er es nicht zugab, er war froh, dass ihn die erfahrene Schwester begleitete. Als er vor vierzehn Tagen im *Waco Community Hospital* in der Entbindungsstation zu arbeiten begonnen hatte, hatte ihm der Chefarzt die Schwester besonders ans Herz gelegt: Sie sei Seele und Mutter der Station. Ihr Einsatz für die Säuglinge sei vorbildlich und so manche Eltern hätten es ihrer fürsorglichen Pflege zu verdanken, dass ihre Kinder die ersten Tage und Wochen überlebt hatten.

Der Chefarzt hatte dafür gesorgt, dass Schwester Monica Mason mit dem Neuen zusammen Nachtdienst hatte, denn im Grunde traute er der Schwester mehr zu als seinem jungen Kollegen, obwohl dieser über hervorragende Zeugnisse und Referenzen verfügte. Er hatte an den besten Universitäten studiert und sein Examen mit Auszeichnung bestanden. Doch was in einem Krankenhaus in der Provinz zählte, war nicht nur das theoretische Wissen, sondern vielmehr die praktische Erfahrung und darin dürfte die 53-jährige Schwester dem Arzt haushoch überlegen sein. Dr. Hancock hatte die Absicht des Chefarztes, die hinter der Diensteinteilung steckte, wohl erkannt, und er war seinem Chef dankbar dafür.

Bevor sie die Mutter, die wegen Komplikationen bei der Geburt noch im Krankenhaus lag, aufsuchten, stellte Dr. Hancock den Totenschein aus. Als Todesursache trug er ein: Herzversagen als Folge eines schwachen Herzens bei der Geburt. Todeszeit: 3 Uhr morgens. In dieser Nacht konnte der junge Arzt nicht mehr schlafen. Das Baby war der erste Mensch gewesen, der unter seiner Verantwortung als Arzt gestorben war.

Ein halbes Jahr war seit dem tragischen Vorfall vergangen. James Hancock hatte sich gut eingearbeitet und sich den Respekt seines Chefs erworben: Der hatte erkannt, dass der junge Kollege nicht nur einen brillanten Verstand besaß, sondern auch ein hervorragender Praktiker war.

Wieder hatte er Nachtdienst auf der Entbindungsstation und wieder war es Schwester Monica Mason, die gemeinsam mit ihm Dienst hatte. Diesmal war dies jedoch rein zufällig so und nicht vom Chefarzt eingefädelt. Der Tag und der Abend waren anstrengend gewesen. Viele Kinder hatten sich diese Zeit ausgesucht, um auf die Welt zu kommen, und so war das Kreißsaal-Team ohne Unterbrechung im Einsatz gewesen. Gegen 1 Uhr in der Nacht hatte Dr. Hancock sich endlich für ein paar Augenblicke zurückziehen können, bevor die nächste werdende Mutter seine Hilfe benötigte. Die Brutkästen waren bis auf zwei belegt.

Es gab zwei Babys, deren Zustand kritisch gewesen war; dieser hatte sich aber seiner Meinung nach in den letzten Stunden deutlich stabilisiert. Dr. Hancock war der Überzeugung, dass die beiden Babys am Leben gehalten werden konnten. Schwester Monica stimmte ihm zu, zumal sie sich besonders intensiv um die Babys gekümmert hatte.

Seine Hoffnungen sollten sich aber nicht erfüllen. Er hatte sich gerade auf der Liege ausgestreckt, als Schwester Monica ihn alarmierte, dass eines der Babys offenbar verstärkt Kreislaufprobleme habe. Dr. Hancock war sofort zur Stelle, doch er konnte das verlöschende Leben nicht wieder entfachen. »Tod durch Herzversagen aufgrund eines schwachen Herzens bei der Geburt«, schrieb er in den Totenschein.

Wieder nahm er sich den Tod des Babys sehr zu Herzen, doch dieses Mal wollte er seine Diagnose durch eine Autopsie überprüfen lassen. Er bat den Chefarzt, eine entsprechende Genehmigung der Eltern einzuholen. Diese wurde dem Krankenhaus allerdings verweigert. Die Eltern gehörten einer streng gläubigen christlichen Kirche an, für die die Unversehrtheit des menschlichen Körpers auch nach dem Tod ein wesentlicher Bestandteil ihres Glaubens war. Dr. Hancock musste diese Entscheidung akzeptieren. Er unterzog den Körper deshalb nur äußerlich einer eingehenden Untersuchung. Warum er das tat, hätte er wohl selbst nicht sagen können, denn er war nie auf den Gedanken gekommen, den Tod Einwirkungen von außen zuzuschreiben. Warum auch, es gab ja kein Motiv, so ein kleines Wesen zu töten. Schon der Gedanke daran wäre ihm aberwitzig vorgekommen. Plötzlich entdeckte er einen winzigen rötlichen Punkt in der rechten Armbeuge des Babys. Er sah aus, als wäre er durch eine Nadel verursacht worden. Da eine Autopsie nicht gewünscht war und der Leichnam noch am gleichen Tag den Eltern übergeben wurde, konnte er keine weiteren Untersuchungen anstellen – für ihn als Arzt und Wissenschaftler eine unbefriedigende Situation. Den kleinen roten Punkt konnte er aber in den nächsten

Tagen und Wochen trotz vieler Arbeit nicht aus seinem Gedächtnis verbannen. Dass dem Säugling keine Spritze gegeben worden war, wusste er, weil er sich bei seinem Kollegen vom Tagesdienst und bei den Stationsschwestern danach erkundigt hatte.

Um festzustellen, ob sich die Sterblichkeitsrate bei Neugeborenen im *Waco Community Hospital* von der an anderen Krankenhäusern vergleichbarer Größe und Lage unterschied, begann er, die Sterbefälle der gesunden Neugeborenen, die etwa drei bis fünf Tage im Krankenhaus blieben, zu untersuchen. Außerdem sah er sich die Sterbefälle unter den Babys genauer an, die wegen körperlicher Schwächen länger im Krankenhaus verweilen mussten – sei es, weil es Frühgeburten waren oder weil sie wegen anderer Leiden behandelt werden mussten. Er teilte die Babys in vier Gruppen ein: Die erste Gruppe umfasste Babys mit einem Krankenhausaufenthalt während der ersten beiden Wochen, die zweite Gruppe bis zur dritten und vierten Woche, die dritte Gruppe bis zur fünften beziehungsweise achten Woche und in die vierte Gruppe kamen alle Babys, die darüber hinaus im Krankenhaus behandelt wurden. Nachdem er die Daten für das erste Jahr zusammengestellt hatte, verglich er die ermittelten Zahlen mit denen anderer Krankenhäuser. Es stellte sich dabei heraus, dass die Sterberate in seiner Klinik bei den gesund zur Welt gekommenen Babys nicht von der anderer Krankenhäuser abwich. Sie lag weit unter einem Prozent. Bei den Problemfällen zeichnete sich eine andere Situation ab: Hier lag die Sterberate über der anderer Krankenhäuser – nicht weit, aber doch deutlich.

James Hancock begann nun, die Sterbefälle von Säuglingen in der Klinik Jahr um Jahr zurückzuverfolgen. Das Ergebnis blieb dasselbe: Die Sterberate bei den gesund geborenen Babys lag auf etwa gleichem Niveau wie bei anderen Krankenhäusern. Bei den Frühgeburten und den Säuglingen mit körperlichen Problemen war die Sterberate zwar auch gleich, solange er sie mit den Daten, die er aus den verschiedenen Jahrgängen seines Krankenhauses gewonnen hatte, verglich, sie lag jedoch deutlich über der an anderen Krankenhäusern. Es drängte sich ihm die Frage auf: Was wurde an dem *Waco Community Hospital* falsch oder anders gemacht? Eine Frage, auf die ihm keine Antwort einfallen wollte, denn zumindest seitdem er am Krankenhaus war, wurde hier nach neuesten medizinischen Standards gearbeitet und auch die hygienischen Bestimmungen wurden genau eingehalten – dafür sorgte schon Oberschwester Monica. Sie war unverheiratet und hatte das Krankenhaus und die Entbindungs- und Kinderstation zu ihrer Familie erwählt. Ihre Augen hatte Monica Mason überall, sie beanstandete die kleinste Nachlässigkeit und war damit manchmal ein Schrecken – nicht nur für die Schwestern, sondern auch für die Ärzte, die sich, so lächerlich es klingen mochte, von ihr beobachtet und überwacht fühlten. Die Neugeborenen, besonders die »Problemkinder«, umsorgte sie wie eine Mutter und achtete derart penibel auf ihr Wohlergehen, dass es den leiblichen Müttern so manches Mal auf die Nerven ging. Nur einige ganz wenige brachten allerdings den Mut auf, Oberschwester Monicas Verhalten bei den Ärzten zu beanstanden. Für die Station war sie ein Segen, denn durch sie war diese eine der am besten geführten Entbindungs- und Kinderstationen im Land. Umso mehr war es für Dr. Hancock unverständlich, dass gerade in ihrem Krankenhaus die Sterblichkeitsrate bei den »Problemkindern« höher lag als in anderen. Er hatte sich über dieses Phänomen wiederholt mit Oberschwester Monica unterhalten, doch auch sie konnte ihm keinen Grund dafür nennen. Sie hielt die Zahlen für nicht aussagekräftig und jeder Versuch, weiter nachzuforschen, war für sie eine Kritik an ihrer Arbeit. Das war so, obwohl Dr. Hancock ihr versicherte, dass sein Interesse an dem Phänomen selbstverständlich nichts mit ihr zu tun habe und schon gar keine Kritik an ihrem Einsatz- und Leistungswillen bedeute.

James Hancock führte ihre Empfindlichkeit auf die Erlebnisse zurück, die sie selbst in ihrer Kindheit gehabt hatte. Monica

Mason hatte während ihrer gemeinsamen Nachdienste öfter über sich und ihre Kindheit gesprochen. Es waren Pausengespräche gewesen, so wie man sie führt, wenn man sich nachts bei einer starken Tasse Kaffee wach halten muss. Auf diese Weise hatte der Arzt erfahren, dass Monica auf einer kleinen Farm in der Nähe von Waco aufgewachsen war. Ihr Vater war ein harter Mann gewesen, der sich nicht viel um seine Familie gekümmert hatte – er lebte allerdings schon seit einigen Jahren nicht mehr. Er hatte für seine Familie wenig Zeit gehabt, denn die Farm war klein und er arbeitete von morgens bis abends, um das Nötigste fürs Überleben heranzuschaffen. Seine Frau hatte ebenfalls nicht viel Liebe von ihm bekommen. Umso mehr hatte sie sich an ihre einzige Tochter Monica geklammert, sie umsorgt und beschützt und von ihr erwartet, dass sie dieses Bemühen mit Liebe erwiderte. Für Monica war diese Bindung, je größer sie wurde, zur Qual geworden, denn ihre Mutter verbot ihr nahezu jede Aktivität, die außerhalb des eigenen Hofes stattfand. Sie wollte ihre Tochter für sich haben. Später, als sie auf der High School junge Männer kennenlernte, intrigierte sie so lange gegen diese, bis ihre Tochter den möglicherweise künftigen Freund genervt aufgab. Mit 18 Jahren war sie dann von zu Hause fortgelaufen, hatte sich mit allen möglichen Jobs den Lebensunterhalt verdient und sich das Geld für eine Ausbildung zur Krankenschwester zusammengespart, denn es war schon immer ihr sehnlichster Wunsch gewesen, einen Pflegeberuf zu ergreifen. Am liebsten wäre sie Kinderärztin geworden, doch dafür hatten ihre finanziellen Möglichkeiten nicht gereicht. Nach einigen Zwischenstationen in Krankenhäusern der Umgebung hatte sie im *Waco Community Hospital* ihre berufliche Heimat und darüber hinaus ihren Lebensmittelpunkt gefunden. Für die kleinen, hilflosen Säuglinge zu sorgen war ihr Lebensinhalt und machte sie glücklich.

Dr. Hancock führte alle Untersuchungen, die die Sterblichkeitsrate der Säuglinge an seinem Krankenhaus betrafen, in seiner Freizeit durch. Von seinem Chef erhielt er wenig Unterstützung. Für diesen lagen die Abweichungen durchaus im normalen Bereich. Der junge Arzt aber hatte das Gefühl, dass sein Chef nicht an detaillierten Informationen interessiert war, weil er für alles, was in der Vergangenheit passiert sein mochte, die Verantwortung übernehmen müsste. Auch fürchtete er einen Skandal, wenn herauskommen würde, dass ein Arzt des Krankenhauses Untersuchungen anstellte, weil angeblich die Sterblichkeitsrate bei Säuglingen im *Waco Community Hospital* ungewöhnlich hoch war. Ein solcher Umstand würde nicht nur für die Presse ein gefundenes Fressen sein, sondern auch die Geldgeber des Krankenhauses negativ beeinflussen, ganz abgesehen von der Schädigung seines Rufes.

Doch James Hancock ließ sich von der ablehnenden Haltung seines Chefs nicht beirren. Sein wissenschaftlicher Verstand wollte Antworten auf die Fragen finden, die er sich stellte. Bei seinen immer weiter in die Vergangenheit zurückreichenden Nachforschungen in den Patientenakten und den selbst erstellten Statistiken stieß er auf ein merkwürdiges Phänomen: In den letzten 15 Jahren war die Sterberate bei den »Problemsäuglingen« relativ hoch gewesen. 16 Jahre zurück hatte sie bei einem Wert gelegen, den er als »normal« bezeichnen würde. Zwar lagen ihm für die weit zurückreichenden Jahre nur spärliche Vergleichszahlen vor, doch die von ihm gesammelten Daten stimmten mit den Vergleichszahlen überein. – Was war vor 15 Jahren geschehen, was hatte diese Veränderung verursacht? Eine Frage, auf die er keine Antwort fand.

Er begann, sich im Krankenhaus umzuhören, sprach mit Krankenpflegern, dem Pförtner, mit Ärzten, Krankenschwestern, dem Verwaltungspersonal – mit allen, die seit mindestens 15 Jahren in der Klinik beschäftigt waren, die also die Zeit davor auch miterlebt hatte. Als Grund für seine Recherchen gab er an, dass er plane, eine Chronik über das Krankenhaus zu schreiben. Die einzigen, die den Grund für die Gespräche zu kennen glaubten – obwohl er ihn nicht verraten hatte –, waren sein Chef und

Oberschwester Monica. Beide beobachteten seine Aktivitäten mit Argwohn. Jeder allerdings aus einem anderen Grund. Der Chefarzt hatte Angst, Dr. Hancock könne etwas herausfinden, was dem Krankenhaus in der Öffentlichkeit schaden könnte, und die Oberschwester fühlte sich durch die vielen Fragen diskriminiert, obwohl es dazu nicht den geringsten Grund gab.

Das Ergebnis der Befragungen war enttäuschend: James Hancock entdeckte nichts, was den in einer gewissen Weise abrupten Wandel in der Sterberate der »Problembabys« hätte erklären können. Sein Jagdfieber war dadurch jedoch nicht erloschen. Im Gegenteil, er gehörte zu den Menschen, die sich durch Rückschläge nicht entmutigen ließen, sondern so lange forschten und bohrten, bis sie auf ihre Fragen eine plausible Antwort gefunden hatten. Er begann deshalb, dort Untersuchungen anzustellen, wo er es bislang noch nicht getan hatte: beim Personal. Und hier machte er eine Entdeckung, die ihn verblüffte und die er zunächst nicht glauben wollte. Doch als er alle Personaldaten durchgesehen hatte, gab es nur eine Person, die vor 15 Jahren neu auf die Entbindungs- und Kinderstation gekommen war ... und das war Oberschwester Monica Mason, die damals allerdings nur Schwester gewesen war.

Bevor er jedoch weitere Nachforschungen anstellen konnte, erkrankte er: Eine Übelkeit mit Erbrechen, das er auf ein nicht einwandfreies Essen zurückführte, ließ ihn an einem Freitag den Dienst früher als gewohnt beenden. Er fuhr nach Hause und legte sich ins Bett. Doch trotz der Medizin, die er sich vorsorglich aus der Krankenhausapotheke mitgenommen hatte, verschlechterte sich sein Zustand. Gegen Abend fühlte er sich so schwach, dass er sich zur Toilette schleppen musste.

Ein Glücksfall wollte es, dass ein Freund, ebenfalls Arzt, mit dem James Hancock Golf zu spielen pflegte, am gleichen Abend zu Besuch kam. Dieser untersuchte seinen Freund und fand dessen Zustand besorgniserregend. Da er sich zu keiner eindeutigen Diagnose durchringen konnte, rief er einen Krankenwagen und ließ seinen Freund in das Krankenhaus bringen, in dem er selbst arbeitete. Da er aus den spärlichen Angaben, die Dr. Hancock gemacht hatte, schloss, dass dieser an einer Lebensmittelvergiftung litt, er selbst aber HNO-Arzt war, ließ er den Freund von einem Internisten untersuchen. Der stellte schnell fest, dass hier keine Lebensmittelvergiftung vorlag, obwohl der Patient Vergiftungssymptome zeigte. Vor allem der bleiche, nach Reiswasser aussehende Stuhl wies darauf hin. Nachdem er ihm den Magen ausgepumpt und danach den Kreislauf stabilisiert hatte, machte er sich an die eigentliche Untersuchung. Dabei stellte er fest, dass der Patient mit Ricin, einem hochgradig toxisch wirkenden Eiweißkörper, vergiftet worden war. Allerdings, so die beruhigende Nachricht, war die Dosis nicht tödlich gewesen. Für Dr. Hancock war die Nachricht allerdings wenig beruhigend, denn die Frage, warum die Dosis nicht tödlich gewesen war, blieb unbeantwortet. Es war sehr gut denkbar, dass der Täter oder die Täterin sich, was die Dosis anbelangte, einfach geirrt hatte, schließlich kam es dabei auf das Körpergewicht an, oder Dr. Hancock hatte durch Zufall nur einen Teil der ihm zugedachten Menge aufgenommen.

Das einzig Positive an seiner Misere war für Dr. Hancock, dass er bei seinen Ermittlungen auf etwas gestoßen sein musste, was den Täter aufgescheucht hatte. Damit waren zwei Dinge für ihn klar: Die erhöhte Sterberate bei den »Problembabys« hatte einen kriminellen Hintergrund und jemand schien jeden seiner Schritte zu beobachten. Der Chefarzt des *Waco Community Hospital,* der darüber verärgert war, dass Dr. Hancock sich in einem anderen Krankenhaus behandeln ließ und damit der Presse Möglichkeiten zu Spekulationen gab, besuchte seinen jungen Kollegen, als dieser bereits so weit gestärkt war, dass er sich seinen Fragen stellen konnte.

Als der Chefarzt jedoch von Dr. Hancocks Vergiftung erfuhr und hörte, was dieser bis jetzt ermittelt hatte, war er so schockiert, dass er eine ganze Weile benötigte, um sich wieder zu sammeln – erst dann konnte er die Konsequenzen abschätzen, die sich daraus ergaben. Doch dann warf er alle Bedenken über Bord, was Presse, die Meinung der Öffentlichkeit und eventuell ausbleibende Geldspenden anbelangte, und sagte James Hancock seine volle Unterstützung zu. Die Oberschwester wollte er vom Dienst suspendieren.

Es bedurfte einiger Überredungskunst seitens Dr. Hancocks, ihn von diesem Vorhaben abzubringen. Für den Arzt gab es keine Beweise, dass die Oberschwester tatsächlich etwas mit den Sterbefällen zu tun hatte. Alles waren letztlich nur Vermutungen und Schlussfolgerungen – es gab nichts, was vor Gericht verwertbar gewesen wäre. Auch wäre eine Beurlaubung für die Oberschwester, sollten die Annahmen nicht zutreffen, eine gravierende Rufschädigung, wofür das Krankenhaus und der Chefarzt persönlich hätten geradestehen müssen.

Und so kam Dr. Hancock mit dem Chefarzt überein, dass er zunächst versuchen würde, weiteres belastendes Material zu finden, bevor der Chefarzt irgendetwas unternehmen sollte. Die Oberschwester sollte weiter ihren Dienst versehen wie bisher. Sie sollte nicht merken, dass sie verdächtigt wurde, damit er, Dr. Hancock, ungestört weitere Nachforschungen anstellen konnte. Um sicherzustellen, dass nicht noch mehr Todesfälle auftraten, beschlossen die beiden Ärzte, den Saal mit den Brutkästen und den mit den anderen »Problembabys« durch Fernsehkameras überwachen zu lassen. Um Monica Mason nicht misstrauisch zu machen, sollte das Unternehmen als Teil einer Studie ausgegeben werden, die untersuchte, inwieweit Babys durch akustische Signale beruhigt werden können. Die Kameras sollten dazu als Lautsprecher getarnt werden. Während alles installiert wurde, sollte die Oberschwester ihre Überstunden abfeiern.

Für Dr. Hancock war auch die Frage, wie und womit die Säuglinge getötet worden waren, von großer Bedeutung – vorausgesetzt, dass sie überhaupt durch Fremdeinwirkung gestorben, also ermordet worden waren. Doch bevor er dieser Frage nachging, untersuchte er zunächst die 57 Todesfälle bei Säuglingen innerhalb der letzten 15 Jahre und verglich sie mit den Dienstplänen der Schwestern. Dabei stellte er fest, dass in 22 Fällen Oberschwester Monica Dienst gehabt und, wie aus den Dienstplänen der Station hervorging, den diensthabenden Arzt alarmiert hatte. In allen anderen Fällen waren andere Schwestern auf Station gewesen. Bei einer Schwester waren während der gesamten Zeit, die sie auf der Entbindungsstation arbeitete, fünf Babys gestorben. Bei den andern waren es weniger gewesen. Die Zahl 22 war so erdrückend, dass für Dr. Hancock eines feststand: Oberschwester Monica musste mit dem Tod der Säuglinge zu tun haben.

Der Arzt fragte sich, wieso dieses Phänomen bislang niemandem aufgefallen war. Hatte man sich durch die in seinen Augen übertriebene Fürsorge blenden lassen? Eine Frage, die wohl nachträglich nicht mehr geklärt werden konnte. Dafür drängten sich andere Fragen auf: Wie hatte die Oberschwester die Säuglinge getötet? Und wie konnte Monica Mason überführt werden? Hier mussten schnell Antworten gefunden werden, wenn man ein weiteres Drama vermeiden wollte. James Hancock unterbreitete dem Chefarzt, was er herausgefunden hatte. Dieser schloss sich den Schlussfolgerungen seines Kollegen an. Er ordnete an, die Oberschwester noch strenger zu überwachen. Dann meldete er der Polizei von Waco den Fall.

Zwei Beamte der Mordkommission erschienen im Krankenhaus und vernahmen zuerst den Chefarzt und danach Dr. Hancock. Sie waren erstaunt über die Gründlichkeit seiner Recherchen und die Umsicht, mit der er dabei vorgegangen war. Nachdem sie sich auf diese Weise ein Bild von den Vorfällen verschafft hatten, besorgten sie sich einen Durchsuchungsbefehl für den Schrank von Monica Mason, in dem sie ihre Privatsachen untergebracht hatte, und für ihr Haus am Alamo Drive. Mit einem Beamten der Spurensicherung erschienen sie nur eine Stunde später wieder im Krankenhaus, während eine größere Abordnung sich auf dem Weg zum Haus der Oberschwester befand. Monica Mason hatte gerade Dienst und wurde von der Polizeiaktion völlig überrascht. Sprachlos und wie gelähmt sah sie zu, wie ihr Arbeitsraum und ihr Schrank durchsucht wurden. Unter ihren Kosmetiksachen fanden die Beamten eine verschlossene Ampulle, die zur Hälfte mit einer hellen Flüssigkeit gefüllt war. Auf die Frage, was die Ampulle enthalte, verweigerte sie die Aussage. Die Beamten nahmen sie daraufhin fest und klärten sie über ihre Rechte auf.

Die Beamten, die das Haus durchsuchten, wurden ebenfalls fündig. Sie entdeckten im Keller ein kleines Labor, das überwiegend mit alten, aber noch voll funktionstüchtigen Geräten eingerichtet war. Auf dem Labortisch stand eine Schale mit braunen, schwarz gefleckten, mandelförmigen Gegenständen. Die Spezialisten der Spurensicherung brauchten keine Laboruntersuchung, um zu erkennen, dass es sich um die Samen der Christuspalme handelte. Hinter dem Haus, am Zaun zum Nachbarn, standen die dazugehörigen Pflanzen: Es waren drei in leuchtendem Rot blühende Christuspalmen. Sie waren etwa 2 Meter hoch und mit ihren sternförmigen Blättern und der Blütenpracht schön anzusehen – ein Grund, warum sie in Gärten gern als Zierstrauch angepflanzt wurden.

Wohl kaum jemand ahnt, dass die Samen der Christuspalme eines der tödlichsten Eiweißgifte enthalten: Ricin. Schon der Genuss von 13,4 Gramm des Samens reicht aus, um einen 75 Kilogramm schweren Menschen zu töten. Extrahiert man den Ricin-Anteil aus den Samenkörpern, dann werden nur 0,03 Gramm benötigt.

Als die Beamten Monica Mason abführten, rief sie dem in Hintergrund stehenden Dr. Hancock mit vor Wut verzerrtem Gesicht unbeherrscht zu: »Sie Teufel, hätte ich Ihnen doch nur die doppelte Menge Ricin gegeben. Verrecken sollten Sie, Sie Teufel!«

Während ihrer Untersuchungshaft und auch später bei der Gerichtsverhandlung machte sie keinerlei Angaben zu ihren Taten und ihrem Motiv. Die Presse fiel mit Schlagzeilen wie »Der Todesengel von Waco« oder »Die Bestie vom *Community Hospital*« über sie her. Es wurde eine Bürgerinitiative gegründet, die die Todesstrafe für sie forderte, und vor dem Gerichtsgebäude, in dem ihr der Prozess gemacht wurde, demonstrierten an jedem Verhandlungstag Menschen, die ebenfalls die Todesstrafe für die Schwester auf Pappschildern forderten. Die Verteidigung versuchte dies zum Anlass zu nehmen, um die Verhandlung an einen anderen Ort zu verlegen. Der Antrag wurde vom Gericht abgelehnt.

Die Beweisführung der Staatsanwaltschaft stützte sich im Wesentlichen auf Indizien. Es handelte sich dabei um Material, das Dr. Hancock zusammengetragen hatte und das von den Experten der Polizei überprüft und für eine Verhandlung vor dem Gericht sachgerecht aufbereitet worden war. Danach wurde Monica Mason angeklagt, 20 Säuglinge ermordet zu haben und einen Mordversuch an Dr. Hancock verübt zu haben. Zwei Todesfälle hatte die Polizei aus der Liste des Arztes gestrichen, weil zu ungenaue Daten vorlagen. Hauptbeweismittel waren dabei ein Laborbuch, das die Spezialisten in dem Haus der Angeklagten gefunden hatten und in das sie, einem Tagebuch gleich, alle Arbeiten, die sie im Labor durchgeführt hatte, peinlich genau eingetragen hatte. Danach hatte sie für den Tod eines Säuglings jedes Mal extra das tödliche Gift Ricin aus dem Samen der Christuspalme extrahiert. Bei der Obduktion der letzten drei Säuglingsleichen konnte Ricin in den Körpern nachgewiesen werden. Das Gift hatte sie mit einem Lösungsmittel verdünnt und den Säuglingen mit einer feinen Injektionsnadel gespritzt. Eine Spritze, in der Rückstände von Ricin nachgewiesen werden konnten, diente der Staatsanwaltschaft als Beweismittel.

Die Geschworenen sprachen Monica Mason im Sinne der Anklage in allen Punkten schuldig und verurteilten sie zu insgesamt

300 Jahren Haft. Der Todesstrafe entging die Oberschwester nur, weil ihre Verteidigung zwei Sachverständige aufgeboten hatte, die ihr bescheinigten, dass sie an dem Münchhausen-Syndrom leide und somit nur begrenzt straffähig sei. Das Syndrom soll sich bei ihr in ihrer ausgeprägten, fast unnatürlichen Sorge um die Babys, die sie als ihre eigenen angesehen habe, in ihrem Wunsch, ihre medizinischen Kenntnisse immer auf dem neuesten Stand zu halten, und in ihren Bemühungen, für ihren pflegerischen Einsatz Anerkennung zu bekommen, gezeigt haben. Der Verteidiger vertrat die Auffassung, dass die Klinikleitung eine Mitschuld am Tod der Säuglinge trage, weil sie das nach seiner Auffassung offensichtliche Leiden der Oberschwester nicht erkannt habe. Die Ausführungen des Verteidigers blieben im Krankenhaus nicht ohne Folgen: Der Chefarzt wurde entlassen und mit einer Abfindung in vorzeitigen Ruhestand geschickt.

Der Prostituiertenmörder

Eine harte Nuss für Ermittlungsspezialisten und forensische Toxikologen

Chief Inspector Walt Marlow knallte die Zeitung auf seinen Schreibtisch und schnaubte wütend. Wieder einmal hatte der junge Polizeireporter der städtischen Zeitung die Gelegenheit genutzt, mit einer Schlagzeile über die angebliche Unfähigkeit der Polizeibehörde die Auflage zu erhöhen. In sarkastischem Stil warf er der Behörde vor, ihre Kräfte mit dem Aufschreiben von Parksündern und Festnehmen von Kaufhausdieben sowie sonstigen Kleinkriminellen zu vergeuden und die Schwerverbrecher ungehindert schalten und walten zu lassen. – Zwei Frauenmorde in zwei Monaten und der verantwortliche Chief Inspector Marlow tut nichts, um die Morde aufzuklären! Wann endlich wacht die Polizei auf? Und so weiter und so fort. Was den Chief Inspector am meisten ärgerte, war die Tatsache, dass die Behauptung, bei den Todesfällen handele es sich um Mord, völlig aus der Luft gegriffen war, und das wusste der Reporter auch. Es gab keinen Hinweis darauf, dass die Frauen eines gewaltsamen Todes gestorben waren.

Vor drei Monaten war eine junge Frau auf der Promenade von Brighton umgefallen. Jede Hilfe der Passanten – einschließlich einer Mund-zu-Mund-Beatmung – war erfolglos geblieben. Als der Notarzt nach einer Viertelstunde mit der Ambulanz eingetroffen war, hatte er nur noch den Tod der Frau feststellen können. »Tod durch Herzversagen« hatte er auf den Totenschein geschrieben. Eine Obduktion, die in solchen Fällen immer durchgeführt wurde, hatte das bestätigt. Einen Monat später war etwas Ähnliches im Geschäftsviertel geschehen. Wieder war eine junge Frau ohne den geringsten Anlass umgefallen. Und wieder konnte der Notarzt – diesmal war es ein älterer, erfahrener Arzt – nur noch »Tod durch Herzversagen« feststellen. Auch in diesem Fall hatte der amtliche Rechtsmediziner dies bestätigt.

Obwohl es eigentlich keinen Anlass gab, hatte sich der Chief Inspector die Akten kommen und einige Nachforschungen anstellen lassen. Er wusste, wie sensibel die Bevölkerung in einem mondänen Ferienort wie Brighton in der Hauptsaison auf solche Fälle reagierte. Ungeklärte und rätselhafte Fälle konnten schnell zur Stornierung von Buchungen führen, was wiederum der Polizei angelastet werden würde ... denn ein Schuldiger musste ja gefunden werden.

Viel war es allerdings nicht, was seine Beamten herausgefunden hatte: Beide Frauen waren um die 30 Jahre alt gewesen. Die erste Tote war 29, die zweite 31 Jahre alt gewesen. Beide Frauen verdienten ihren Lebensunterhalt als Fotomodel. Der Chief Inspector nahm an, dass dies nur eine Tarnung für unregistrierte Prostitution war – ein Geschäft, das in der Hochsaison, und wenn viele Kongresse in dem Badeort abgehalten wurden, blühte. Beide Frauen hatten ihren Hauptwohnsitz in London und wohnten in schon vor Monaten gemieteten Studios in Wohnsiedlungen am Stadtrand Brightons. In der Nachbarschaft waren sie nicht auffällig geworden. Das Gleiche galt für London. Allerdings konnten die Nachbarn hier noch weniger Auskunft über das Leben der Frauen geben als in Brighton. Ihre Wohnungen lagen in anonymen Wohnblocks mit mehr als zwanzig Stockwerken. Hier kannte keiner den anderen und keiner interessierte sich für seinen Nachbarn.

Marlows Beamte, die sich ein wenig illegal Zutritt zu beiden Studios beschafft hatten, konnten außer Kleidungsstücken fast nichts Persönliches finden. Die Kleidung bestätigte die Annahme des Chief Inspector, dass die Frauen als Prostituierte gearbeitet hatten. Und das war auch schon alles, was die Nachforschungen ergeben hatten. Nichts, was auf ein Gewaltverbrechen hindeutete. Es sollte nur drei Tage dauern, bis Walt Marlow aus der Zeitung erfuhr, dass in Worthing, einem Badeort unweit von Brighton, wieder eine Frau auf der Strandpromenade zusammengebrochen war.

Ein Anruf bei der dortigen Polizei ergab, dass die Frau sich inmitten einer Menschenmenge auf der Strandpromenade aufgehalten hatte, als sie plötzlich, ohne irgendwelche Anzeichen von Schwäche, in sich zusammengesackt war. Ein Arzt, der zufällig vor Ort war, leistete Erste Hilfe und führte Wiederbelebungsmaßnahmen durch – doch die Frau starb, ohne dass er ihr helfen konnte. Ein Passant glaubte, dass die Frau, kurz bevor sie zusammengebrochen war, einen Schmerzensruf ausgestoßen hatte, so etwas wie: »Aaaaaaaauh!« Seine Aussage war von anderen Passanten nicht bestätigt worden; er konnte sich auch getäuscht haben. Der Arzt sagte aus, dass die Frau eindeutig an Herzversagen gestorben sei.

Chief Inspector Marlow, zu dessen Kriminalbezirk der Badeort Worthing gehörte, ordnete an, dass der Bereich, an dem die Frau gestorben war, weiträumig abgesperrt wurde. Auch wenn es keinen Anlass gab, diese Polizeimaßnahme einzuleiten, so sah er im Geist schon wieder die Schlagzeilen in der örtlichen Presse vor sich. Was ihm natürlich zu denken gab, war der Umstand, dass die Tote bereits die dritte junge Frau war, auf deren Totenschein »Tod durch Herzversagen« stand und die in einer ähnlichen Umgebung unter ähnlichen Umständen gestorben war, wie die beiden vor ihr: In allen drei Fällen hatte sich das Unglück am helllichten Tag und an einer belebten Stelle ereignet. Das waren ungewöhnliche Übereinstimmungen, die Walt Marlow zu denken gaben.

Zusammen mit seinem Ermittlungsteam, den Spezialisten der Spurensicherung und Dr. Harvey McPerson fuhr er nach Worthing. Für den Gerichtsmediziner war es der erste Arbeitstag nach einer schweren Wirbelsäulenoperation, die ihn über fünf Monate vom Dienst ferngehalten hatte. Ein Kollege, ein praktischer Arzt, hatte ihn als offizieller *Medical Examiner* vertreten. Nach der langen Zwangspause freute er sich auf den ersten Fall und die erste Leiche. In Worthing wurden sie vom Chef der uniformierten Polizei, Superintendent Wilbert, empfangen. Auch ihm war bewusst, welche Auswirkungen die toten Frauen auf den Tourismus haben konnten. Man sah es ihm an, wie erleichtert er war, dass ihm der Fall – sofern sich der Tod der Frau zu einem Fall entwickeln sollte – aus der Hand genommen wurde. Er wies die Beamten aus Brighton vor Ort ein und beauftragte danach einen Sergeant, die Kriminalbeamten zum Unfallort zu bringen. Dieser lag mitten auf der Seepromenade. Er war mit Plastikband weiträumig abgesperrt worden. In der Mitte der abgesperrten Fläche waren mit Kreide die Umrisse einer Person eingezeichnet. Ein Inspector in Uniform empfing die Kriminalbeamten und erklärte ihnen die Besonderheiten des Unfallortes. Danach gab die Kreidezeichnung nur die ungefähre Position der Leiche an, da sie, bevor die Anweisung zum Absperren gekommen war, bereits abtransportiert worden war. Die Lage der Toten war anhand der Aussagen des Arztes, der Erste Hilfe geleistet hatte, und der Passanten, die Zeugen des Zusammenbruchs gewesen waren, rekonstruiert worden.

Wie Walt Marlow erwartet hatte, brachte die Untersuchung des Unfallortes keinerlei Ergebnisse. Aus der Lage der Toten konnte nichts Konkretes geschlossen werden, da die genaue Lage der Toten nicht mehr bestimmbar war. Die Spezialisten der Spurensicherung entdeckten ebenfalls keine verwertbaren Hinweise. Etwaige Spuren waren durch die vielen Schaulustigen vernichtet worden. Blieb nur noch die Vernehmung der Unfallzeugen – eine Aufgabe, die seine Kriminalbeamten für die nächsten Stunden beschäftigen sollte. Der massive Einsatz von Kriminalbeamten hatte für Chief Inspector Marlow mehr politische als praktische Bedeutung. Er sollte der Bevölkerung demonstrieren, wie ernst die Polizei die Todesfälle nahm.

Während die Kriminalbeamten der Polizei von Worthing nachträglich festgestellte Zeugen aufsuchten, fuhr der Chief Inspector zur Leichenhalle, in der die Tote aufgebahrt worden war. Hier hatte der Chefpathologe Dr. McPerson bereits erste Untersuchungen an der Leiche durchgeführt und veranlasst, dass diese nach Brighton in die Rechtsmedizin überführt wurde. Da er wusste, dass Marlow so schnell wie möglich erste Informationen haben wollte, hatte er in der Leichenhalle auf ihn gewartet.

Nach Angaben des Pathologen war die Frau etwa 25 Jahre alt. Ältere und frische Einstiche an den Armen zeigten, dass sie sich seit Langem Drogen nahm. Wahrscheinlich war sie drogenabhängig. An ihrem Körper befanden sich im Hals- und Brustbereich sowie an Armen und an Oberschenkeln Hämatome. Auf den ersten Blick sah es so aus, als wäre die Frau brutal geschlagen worden, aber die blauen Flecken konnten auch durch einen Sturz entstanden sein. Näheres würde erst die Autopsie ergeben. Die Hämatome waren nach Schätzung des Pathologen etwa eine Woche alt. Sonst zeigte die Frau keine äußeren Verletzungen. Spuren, die darauf gedeutet hätten, dass sie durch Fremdeinwirken zu Tode gekommen war, hatte er nicht entdecken können.

Die Kleidung der Toten hatte sich McPerson ebenfalls genau angesehen: Sie war elegant, entsprach der neuesten Mode, war teuer. An allen Kleidungsstücken waren Markenschilder. Sie stammten von einem namhaften Designer. Papiere hatte die Frau, wie schon die örtliche Polizei festgestellte hatte, nicht bei sich gehabt.

Da es in Worthing nichts weiter zu tun gab, fuhren der Chief Inspector und der Pathologe zurück nach Brighton. Kurz vor Dienstschluss trafen auch die Kriminalbeamten, die die Vernehmung der Zeugen durchgeführt hatten, in der Dienststelle ein. Sie wussten nichts zu berichten, was zur Aufklärung des Sachverhaltes beitragen konnte. Die einzige Ausnahme machte der Beamte, der den Mann vernommen hatte, der den angeblichen Schmerzensschrei gehört haben wollte. Der Mann, in den 30ern, ledig, Urlauber, hatte ausgesagt, dass ihm die Frau wegen ihrer eleganten Kleidung aufgefallen sei. Da er nichts weiter zu tun gehabt habe, sei er ihr eine Weile gefolgt, in der Hoffnung, vielleicht mit ihr ins Gespräch zu kommen. Etwa 100 Meter, bevor sie zusammengebrochen sei, habe sie plötzlich eine Art Schmerzensschrei ausgestoßen – nicht laut, aber doch so, dass er ihn gehört habe. Auch habe sie Anstalten gemacht, sich zu bücken, habe sich dann wieder aufgerichtet und sei weitergegangen. Nach einiger Zeit habe er das Gefühl gehabt, dass der Gang der Frau unsicherer geworden sei. Kurz darauf sei sie zusammengebrochen.

Auf die Frage, ob er irgendjemanden in der Nähe der Frau gesehen habe, der sie vielleicht berührt oder sich ungewöhnlich verhalten hatte, konnte er nichts Konkretes sagen. Er hatte nur Augen für die Frau gehabt. Die Promenade war mit Kindern, die Eis schleckten oder umhertobten, mit Eltern oder Erwachsenen, die Badetaschen trugen, und mit Menschen, die offenbar nur wie er flanierten, voll gewesen. In der Nähe der Frau hatten sich mehrere Personen befunden. Erinnern konnte er sich nur an einen älteren Herrn und auch nur deshalb, weil dieser an einem Spazierstock gegangen sei und der Stock ausgesehen habe, als stamme er aus der viktorianischen Ära – er sei schwarz gewesen mit Silbergriff. Er konnte sich so genau daran erinnern, weil er ein Antiquitätengeschäft in London besaß. Den Mann selbst konnte er nicht beschreiben.

Die Ermittlung des Namens der toten Frau stellte für die in solchen Fällen versierten Ermittler mehr eine Fleißarbeit als eine Herausforderung dar. Von der Modefirma in Frankreich erhielten sie den Hauptvertrieb der Waren in London und Südengland. Der Vertrieb sandte ihnen eine E-Mail mit den Namen der Geschäfte, die er belieferte. Das waren im Raum London und England südlich der Themse 253 Modegeschäfte.

Der Chief Inspector ließ die Leiche bekleiden, beauftragte einen Maskenbildner, das Gesicht der Toten möglichst lebensnah herzurichten, und ließ sie so von einem Porträtfotografen aus verschiedenen Perspektiven fotografieren. Das Ergebnis war für seine Zwecke zufriedenstellend. Wer nicht wusste, dass hier eine Leiche abgebildet war, hielt die Person auf den Bildern für eine lebendige Frau. Walt Marlow war überzeugt davon, dass man sich so schneller an die Frau erinnern würde, als wenn man sie mit durch den Tod veränderten Gesichtszügen anschaute. – Per E-Mail ließ er die Bilder an die Modehäuser mit der Bitte um Identifizierung schicken.

Und seine Annahme wurde bestätigt: Ein Modehaus im südlichen Teil Londons konnte sich sowohl an die Frau als auch an die Kleidungsstücke erinnern. Blazer und Rock hatte die Unbekannte erst vor zehn Tagen gekauft und mit einer Kreditkarte bezahlt. Über das Kreditinstitut konnten die Beamten den Namen der Frau, Leslie Manner, ermitteln. Weitere Nachforschungen ergaben, dass sie ihre Wohnung in einem Vorort in Süd-London nicht nur privat, sondern auch zum Zweck der Prostitution zu nutzen schien. Die Kriminalbeamten fanden eine Kartei mit 34 Männernamen. Hinter jedem Namen waren erotische Vorlieben und ein Betrag in Pfund vermerkt. Die Einrichtung des Schlafzimmers hätte einem Katalog für ein modernes Freudenhaus entnommen sein können. Drei Kartons mit Kondomen standen im Kleiderschrank und an den Innentüren waren verschiedene Leder- und Latexutensilien aufgehängt, die offensichtlich als Arbeitsgeräte für eine Domina gedacht waren. Acht Päckchen mit Heroin und eine Packung mit Einwegspritzen bestätigten die Annahme des Pathologen, dass die Frau drogenabhängig gewesen war. Die Vernehmung der Männer in der Kartei ergab keine ermittlungsrelevanten Informationen. Alle konnten glaubhaft nachweisen, dass sie am Tag des Todes nicht in Worthing oder auch nur in der Nähe des Ortes gewesen waren.

Harvey McPerson, der Pathologe, führte seine Autopsie mit pedantischer Genauigkeit durch. Grundsätzlich stellte er jeden Todesbefund seiner Kollegen in Frage, so auch den Befund des Arztes, der Erste Hilfe geleistet hatte und »Tod durch Herzversagen« attestiert hatte. Er betrachtete den toten Frauenkörper sorgfältig von Kopf bis Fuß. Von Zeit zu Zeit nahm er ein Vergrößerungsglas mit zehnfacher Stärke zur Hand, um vor allem die Hämatome genauer zu betrachten. Und je länger er sie studierte, ihre Lage und die Ausdehnung begutachtete, desto mehr kam er zur Überzeugung, dass sie nicht durch Schläge, sondern durch einen Sturz von einem schnell fahrenden Fahrrad oder einem langsam fahrenden Motorrad herrührten. Und er entdeckte noch etwas: Ein Hämatom befand sich 2 Zentimeter über dem Knöchel hinten an der linken Seite des linken Beines. 3 Millimeter außerhalb des Zentrums befanden sich zwei winzige rote Punkte. Ohne Vergrößerungsglas hätte er sie gar nicht bemerkt. Sie sahen aus, als wären sie von einem Schlangenbiss verursacht worden. Die rote Färbung an den Rändern zeigte, dass sie nach dem Hämatom und vor dem Tod der Frau entstanden waren. Er ließ die beiden Punkte von allen Seiten fotografieren, trennte dann einen der Punkte heraus, um ihn im polizeitechnischen Labor auf Fremdstoffe untersuchen zu lassen. Den anderen untersuchte er genauer. Unter dem Mikroskop zeigte sich ein etwa 3 Millimeter langer Wundkanal. Das Muskelgewebe um den Kanal herum war geschwollen. Die Stelle konnte von einem Schlangenbiss herrühren – dafür sprach der Abstand der beiden Punkte, dagegen sprach, dass der Kanal völlig gerade verlief, während man bei einem Biss eher einen leicht gekrümmten Verlauf erwarten würde. Auch war der Kanal zylindrisch geformt und nicht leicht konisch wie bei einem Giftzahn. Die Obduktion der Organe, des Gehirns und der verschiedenen Gewebestrukturen erbrachten – bezogen auf die Todesursache – keine näheren Erkenntnisse.

Während Dr. McPerson die Anatomie von Giftschlangen studierte, um herauszufinden, bei welcher Schlangenart die Giftzähne so weit auseinanderlagen wie die Einstiche bei der Leiche, traf der Befund vom polizeitechnischen Labor ein. Danach war die Frau an einer Mischung aus dem Gift der Kobra und Strychnin gestorben. Beide Gifte hatten die forensischen Toxikologen im Körper gefunden. Das Gift der Kobra konnten sie auch um die Einstichstelle herum nachweisen. Für Walt Marlow und Harvey McPerson waren die Ergebnisse der Toxikologen verwirrend. Sie zu einem Gesamtbild zusammenzufügen, gestaltete sich äußerst schwierig.

Die Tatsache, dass im Körper Strychnin nachgewiesen worden war – ein Gift, das aus Pflanzen gewonnen wurde, die vorwiegend in Indien wuchsen und das heutzutage allgemein nicht mehr im Handel erhältlich war –, sprach für Mord. Giftmorde aber waren heute höchst selten geworden. Die Fragen, wie die Frau vergiftet worden war und warum, blieben unbeantwortet. Ähnlich verwirrend war das Kobragift. Wie kam es zu der Bisswunde? War auf der Promenade tatsächlich eine Kobra gewesen? Da niemand eine Schlange gemeldet hatte, war dies höchst unwahrscheinlich. Wenn aber nicht durch eine Schlange, wie waren dann die beiden punktförmigen Wunden entstanden? Wieso vergiftete jemand die Frau mit Strychnin und – ein anderer oder vielleicht sogar derselbe Täter – auch noch mit dem Gift der Kobra? Unter welchen Aspekten sie das Problem auch betrachteten, es schien unlösbar.

Als Nächstes wurde eine Exhumierung der drei zuvor unter ähnlichen Umständen zu Tode gekommenen Frauen angeordnet. Und das Ergebnis der Obduktionen war eindeutig: Auch sie waren an einer Kombination aus Kobragift und Strychnin gestorben. Injiziert worden war das Gift über die beiden Einstichstellen, die sich bei allen Frauen im unteren muskulären Teil des linken Beines befanden. Das Strychnin war durch den einen und das Gift der Kobra durch den anderen Einstich in den Körper gespritzt worden. Aufgrund der hohen Dosierung und der Kombination der Gifte hatten die Frauen keine Chance zu überleben. Und noch etwas stellte der Pathologe fest: Die erste Tote hatte AIDS im fortgeschrittenen Stadium.

Chief Inspector Marlow und seine Beamten mussten nun die einzelnen Puzzleteile, die ihnen die Wissenschaftler geliefert hatten, zu einem Bild zusammensetzen, um gezielt nach dem Täter suchen zu können. Mit jedem Tag, der verging, ohne dass die Kriminalbeamten Fahndungsergebnisse vorweisen konnten, wurde die Situation für den Chief Inspector unangenehmer. Die Presse malte Horrorszenarien; Bürger meldeten sich und gaben an, sie hätten eine Kobra gesehen; die ersten, besonders ängstlichen Familien reisten ab; die Wirte riefen um Hilfe und gaben an allem der Polizei, insbesondere dem verantwortlichen leitenden Beamten, die Schuld. Der Ruf nach *Scotland Yard* wurde immer lauter.

Trotz des Nervenkriegs versuchte Marlow Ruhe zu bewahren und seine Beamten abzuschirmen, damit sie effektiv arbeiten konnten. Nach Beratungen mit dem Pathologen und seinen Beamten kam er zu dem Schluss, dass die AIDS-Erkrankung der ersten Toten ein Schlüssel für die Fälle sein könnte. Es bestand die Möglichkeit, dass die Morde ein Racheakt waren. Vielleicht hatte sich jemand bei der Prostituierten angesteckt und rächte sich dafür an der Verursacherin. Die Motive für die anderen Morde konnten ebenfalls Rache sein: Der Mann konnte seine Wut auf alle Prostituierte übertragen haben, die ja alle potenzielle Ansteckungsherde waren. Es galt also einen Mann zu finden, der AIDS hatte und zu dem Kundenkreis der ersten Frau gehörte.

Und ein weiterer, zweiter Gedanke leitete ihn: Es war der alte Mann mit dem Spazierstock, der sich in der Nähe des letzten Opfers befunden hatte. Plötzlich sah Marlow die Möglichkeit, dass das Gift durch den Spazierstock injiziert worden sein konnte. Die Annahme stand auf sehr wackeligen Füßen, aber es gab keine bessere und so ordnete er an, dass bei allen Morden nachgeforscht werden sollte, ob ein Mann mit Spazierstock in der Nähe der Opfer gesehen worden war. Sein Team, das inzwischen auf 50 Beamte aufgestockt worden war, machte sich an die Arbeit: Geschäftsleute, Budenbesitzer, Parkwächter, aktenkundige Zeugen, Anwohner und Kinder wurden befragt. Und die Mühe wurde belohnt. In zwei von drei Fällen hatte jemand einen Mann mit Spazierstock zur Zeit des Unfalls bzw. des Mordes auf der Promenade oder in der Nähe der Promenade gesehen. Noch wichtiger für den Chief Inspector war aber, dass sich die Zeugen auch daran erinnern konnten, dass der Stock schwarz war und einen silbernen Griff hatte.

Da damit gerechnet werden musste, dass der Mörder erneut zuschlagen würde, wurden alle Polizeidienststellen angewiesen, auf einen Mann unbestimmten Alters zu achten, der einen schwarzen Stock mit silbernem Griff mit sich führte. Insbesondere in den Seebädern entlang der Küste sollten Beamte in Zivil auf den Promenaden verstärkt Streife gehen.

Die Suche nach einem Kunden der ersten Prostituierten erwies sich als ausgesprochen schwierig. Weder in ihrer Wohnung in Brighton noch in dem Appartement in London fand man Hinweise auf Kunden. Zwar hatten die Beamten herausgefunden, dass die junge Frau ihre Kunden über Zeitungsanzeigen angeworben und auf dem Straßenstrich gearbeitet hatte, doch das half den Beamten nicht weiter, denn ihre Kolleginnen auf dem Straßenstrich konnten keine verwertbaren Aussagen machen. Die Zentrale Meldestelle für Seuchen, an die von den Ärzten alle AIDS-Fälle gemeldet wurden, konnte den Beamten zwar sagen, wie viele Fälle in den letzten Jahren aufgetreten waren und welche Ärzte sie gemeldet hatten, Namen konnten sie jedoch keine nennen, da die Meldungen anonym erfolgten. Die angesprochenen Ärzte verweigerten unter Hinweis auf ihre Schweigepflicht jede Auskunft.

Traten die Ermittlungsbeamten hier auf der Stelle, so waren die Zivilfahnder auf der Promenade in Brighton erfolgreicher. 18 Tage nachdem die Präsenz der Polizei auf den Promenaden erhöht worden war, fiel zwei Beamten in Zivil ein Mann auf, der den beschriebenen Spazierstock mit sich führte und offenbar einer Frau folgte. Als er sich der Frau näherte, griffen die Beamten zu und verhafteten ihn. Er leistete keinen Widerstand und ließ sich problemlos abführen. Die Frau wurde ebenfalls gebeten, mit zur Wache zu kommen.

Während der Mann im Polizeipräsidium den Kriminalbeamten zur Vernehmung vorgeführt wurde, wurde die Frau als Zeugin auf der Wache angehört. Sie gab an, dass sie sich an der Seebrücke mit einem Mann treffen wollte. Er hatte sich auf eine ihrer Anzeigen in der örtlichen Zeitung gemeldet und diesen Treffpunkt vorgeschlagen. Er hatte ihr zum Zeichen seiner ernsten Absichten 50 Pfund im Voraus überwiesen. Auf die Frage, ob sie nach dem, was mit den anderen Frauen passiert sei, keine Angst gehabt habe, sagte sie nur, das sie schon auf sich aufpassen könne, und zeigte ein Pfefferspray, das sie in ihrer offenen Handtasche griffbereit hatte. Die Beamten konnten über so viel Naivität nur den Kopf schütteln. Als sie der Zeugin klarmachten, dass sie, wenn die Polizei nicht eingegriffen hätte, jetzt wahrscheinlich tot gewesen wäre, ernteten sie nur ein ungläubiges Lächeln.

Chief Inspector Marlow saß dem Mann mit dem Spazierstock im Vernehmungszimmer gegenüber. Zu seinen Personalien befragt, gab er an, er heiße Henry Smily, wohne in London und sei 42 Jahre alt. Der Chief Inspector sah ihn zweifelnd an, denn er sah wesentlich älter aus. Sein Haar war schütter, der Teint bleich, die Wangen eingefallen, die Augen tief liegend, die Hände faltig und mit Altersflecken übersät. Noch bevor ihn der Vernehmungsbeamte weiter befragen konnte, sagte er mit müder Stimme, dass er der gesuchte Täter sei und aussagen wolle.

Im Wesentlichen bestätigte er, was der Chief Inspector bereits angenommen hatte: Er gab an, bis vor zwei Jahren Einkäufer bei einer großen Warenhauskette gewesen zu sein und ein glückliches Leben mit seiner Familie geführt zu haben. Auf einer Konferenz in Brighton habe er eine Prostituierte kennengelernt und sei unter dem Einfluss von Alkohol mit ihr ins Bett gegangen. Ein halbes Jahr später sei bei ihm HIV festgestellt worden. Seine Frau habe sich daraufhin scheiden lassen, die Kinder hätten jeden Kontakt zu ihm abgebrochen. Die Krankheit sei bei ihm sehr schnell ausgebrochen und habe sein Leben immer weiter zerstört. Aus Rache habe er die Frau, die ihn angesteckt hatte, umgebracht, und so wie er diese Frau getötet habe, habe er es mit allen Prostituierten machen wollen. Seine schnell fortschreitende Krankheit habe ihn jedoch so geschwächt, dass er nicht noch mehr von ihnen habe umbringen können.

Den Spazierstock hatte er bei einer seiner Geschäftsreisen in einem Antiquitätengeschäft in Madras/Indien gesehen. Der Verkäufer hatte ihm das Besondere an diesem Stock gezeigte und ihm die Funktionsweise erklärt. Er hatte ihn als Kuriosität gekauft. Damals hatte er sich auch eine Ampulle mit dem Gift der Kobra gekauft. Warum er das getan hatte, konnte er nicht mehr sagen, wahrscheinlich war es nur der Wunsch gewesen, etwas Besonderes zu haben, um seine Freunde schockieren zu können. Der Spazierstock hatte bei ihm – völlig vergessen – auf dem Dachboden seines Hauses gelegen, bis ihm der Gedanke gekommen war, sich an den »Nutten« zu rächen. Er hatte zu der bereits vorhandenen Injektionsnadel eine zweite hinzugefügt und den relativ einfachen Mechanismus so modifiziert, dass er beide Nadeln gleichzeitig betätigen konnte. Die Vorrichtung war einfach zu bedienen. Sie arbeitete etwa wie ein Luftgewehr, nur dass Luft in zwei Kammern gepresst wurde. Durch den Druck in der ersten Kammer wurden die mit Gift gefüllten Injektionsnadeln nach vorn gedrückt und durch den Druck der zweiten Kammer schoss das Gift aus den Nadeln heraus. Der Abzug befand sich im Griff.

Warum er es nicht bei dem Gift der Kobra belassen habe, wollte der Chief Inspector wissen. Smily antwortete bereitwillig, dass er Angst gehabt habe, dass das Kobragift nicht mehr richtig wirken könnte. Deshalb habe er, als er sich schon dazu entschlossen hatte, die »Nutten« auszumerzen, bei seiner letzten Reise nach Ägypten Strychnin besorgt und den Stock entsprechend modifiziert. Am Ende seiner Vernehmung gab er an, dass er froh sei, dass er gefasst worden war, denn nun würde er während seiner letzten Tage richtig betreut werden.

Nach seiner Festnahme lebte Henry Smily noch drei Monate. Vier Tage vor seiner Verhandlung erlag er seiner Krankheit.

KAPITEL 3

MORD MIT SPITZER WAFFE – EINE BLUTIGE ANGELEGENHEIT

Ein Rechtsmediziner klärt auf

Der Gerichtssaal von Decatur war schon fast gefüllt und noch immer war kein Ende der Schlange von Neugierigen vor den beiden Flügeltüren des Verhandlungsraumes E 302 zu sehen. Von dem disziplinierten Schlangestehen, das man den Amerikanern nachsagt, war hier nichts zu sehen. Jeder wollte einen der wenigen Plätze ergattern. Die beiden Gerichtsbeamten hatten alle Hände voll zu tun, um Ordnung in das Gedränge zu bringen und, nachdem alle Sitzplätze belegt waren, die beiden Türen zu schließen und den weniger Glücklichen den Zutritt zu verweigern.

Verhandelt wurde die Strafsache: »Das Volk von Alabama gegen Dr. Timothy Cage«. Dr. Cage war eine über die Stadt und das County hinaus bekannte Persönlichkeit. Als Hauptpastor der größten Baptisten-Kirche der Stadt hatte er eine Gemeinde von 6000 Mitgliedern. Seinen überregionalen Bekanntheitsgrad hatte er jedoch durch seine Fernsehpredigten erlangt, die jeden Sonntagabend über einen privat angemieteten Fernsehsender in ganz Amerika ausgestrahlt wurden. Als Mitglied der *Southern*

Baptist Convention gehörte er dem christlich-orthodoxen Flügel an. Und so waren seine Predigten auch sehr fundamentalistisch geprägt: Hölle, Teufel, Verdammnis und nur Jesus als Ausweg, das hämmerte er einmal die Woche über den Äther. Aber gerade das kam an. Durch viele Gemeinden in Amerika schien eine Erweckungsbewegung zu gehen.

Und dieser Mann nun, in dem viele einen Abgesandten Gottes sahen, wurde des Mordes an seiner Frau und seiner Sekretärin angeklagt. Den Vorsitz der Verhandlung führte der Ehrenwerte Richter David Bromfield. Die zwölf Geschworenen und zwei Ersatzleute waren aus 60 Bürgern der Stadt Decatur von der Anklage und der Verteidigung nach einer mehrere Tage dauernden Prozedur ausgewählt worden. Schon im Vorfeld hatte die Verteidigung versucht, die Verhandlung an einen anderen Ort zu verlegen. Sie hatte ihr Ansinnen damit begründet, dass in Decatur wegen der Bekanntheit des Angeklagten kein fairer Prozess möglich sei. Richter Bromfield hatte den Antrag jedoch abgelehnt. Nach seiner Auffassung sei der Angeklagte in ganz Amerika bekannt, sodass es keinen Ort gebe, in dem noch niemand etwas von ihm gehört habe. Live-Übertragungen der Verhandlung über Fernsehen und Rundfunk hatte Richter Bromfield ebenfalls mit der Begründung abgelehnt, dass seine Gerichtsverhandlung keine Unterhaltungsshow sei.

Zu Anfang der Verhandlung hatte die Verteidigung von Dr. Cage auf »Nicht schuldig im Sinne der Anlage« plädiert. Die Anklage wurde vertreten durch Dick Marchner. Als forensischer Experte stand ihm der Pathologe Dr. Washington Jefferson, ein Afroamerikaner, zur Seite. Beide Männer stammten aus dem Norden und gehörten anderen Kirchen an als Timothy Cage. Als Dick Marchner Anklage gegen den populären Prediger erhoben hatte, wurde er von der Presse und Teilen der Bevölkerung angefeindet und mit Drohbriefen überhäuft, die selbst vor Morddrohungen nicht haltmachten. Auch der Pathologe musste unter massiven Verleumdungen leiden, insbesondere wegen seiner Hautfarbe.

Als Sachverhalt hatte die Staatsanwaltschaft Folgendes ermittelt: Am 4. Juli, dem Nationalfeiertag aus Anlass der Gründung der Vereinigten Staaten von Amerika, begannen die Reinigungskräfte des *Sheraton Hotel* gegen 9 Uhr morgens mit der Arbeit. Um 9 Uhr 10 kam Susan, das Zimmermädchen, das für das Erdgeschoss zuständig war, in die Halle gelaufen, stürzte in das Büro des Hotelmanagers und rief völlig aufgelöst und unter Tränen, dass in Zimmer 102 zwei Tote lägen. Das Mädchen war kreidebleich. Es war offensichtlich, dass es unter Schock stand und jeden Moment zusammenbrechen würde. Der Manager beruhigte Susan, überredet sie, sich auf die Couch zu legen, und schob ihr eine zusammengerollte Decke unter die Knie. Dann wies er eine der Empfangsdamen an, bei dem Mädchen zu bleiben und eilte zum Zimmer 102. Mit seiner Generalschlüsselkarte öffnete er die Tür. Es hätte nicht viel gefehlt und es wäre ihm nicht anders ergangen als dem Zimmermädchen: Zwei Frauenkörper sah er in dem Zimmer – einer lag auf, der zweite vor dem Bett und beide schwammen in einer riesigen Blutlache. Der Manager atmete ein paar Mal tief durch, um sich nicht übergeben zu müssen. Dann ging er zurück in das Büro und rief den Sheriff an, der nur fünf Minuten später eintraf. Er sah sich das Zimmer genau an, ohne es zu betreten. Er wollte keine Spuren verwischen. Über Funk verständigte er den Staatsanwalt und empfahl ihm, den Pathologen Dr. Jefferson mitzubringen. Er selbst alarmierte Malcom Drury, den Tatortspezialisten. Er hatte die Aufgabe, Spuren am Tatort zu sichern und labortechnisch auszuwerten. Früher waren die Männer des Sheriffs dafür zuständig gewesen, doch im Rahmen von Maßnahmen zur Kostensenkung war diese Aufgabe einem »Zivilisten«, der über ein entsprechendes Labor verfügte, übertragen worden.

Der Staatsanwalt, Dr. Jefferson und Malcom Drury trafen bald darauf ein. Ohne die Frauen zu untersuchen, war Dr. Jefferson klar, dass hier keine Erste Hilfe mehr geleistet werden musste: Die beiden waren tot. Sie trugen helle Sommerkleider, darunter handelsübliche Unterwäsche, bestehend aus einem Büstenhalter und einem Slip. Ihre Füße steckten in hochhackigen Pumps. Die

Haare beider Frauen waren gefärbt, die auf dem Bett liegende hatte blondes, die auf dem Boden liegende kupferfarbenes Haar. Finger- und Fußnägel waren lackiert: rot bei der Blonden, zartrosa bei der Kupferfarbenen. Die Blonde trug am Ringfinger der linken Hand einen Verlobungs- und einen Ehering. In beide Ringe war ein großer Stein eingefasst, der einem Diamanten ähnelte. Sollten sich die Steine als echt erweisen, würden beide wohl über ein Karat besitzen. Um den Hals trug die Tote eine Kette mit großen grauen Steinen. Nach Schätzung des Staatsanwaltes war sie ein Vermögen wert. Allerdings war sie nur zum Teil sichtbar, denn kurz über der Kette war der Hals vom linken bis fast zum rechten Ohr durchtrennt. Hierbei war die Halsschlagader ebenfalls durchschnitten worden – der Grund für die riesige Blutlache auf dem Bett. Die Frau mit dem kupferfarbenen Haar hatte auf die gleiche Weise den Tod gefunden. Auch bei ihr war die Halsschlagader durchtrennt worden.

Nachdem die Leichen von allen Seiten fotografiert worden waren und jeder Gegenstand im Raum sowohl mit dem Fotoapparat als auch auf einer Skizze festgehalten worden war, begann Dr. Jefferson mit der Untersuchung. Dabei stellte er fest, dass keiner der Körper nach dem Eintritt des Todes bewegt worden war: Das Blut im Körper hatte sich jeweils an der tiefsten Stelle gesammelt.

Nach Eintritt des Todes hört das Herz auf zu schlagen, Blut kann nicht durch den Körper gepumpt werden und folgt, solange es fließfähig ist, dem Gesetz der Schwerkraft: Es sammelt sich in den am tiefsten liegenden Teilen des Körpers, wo es die Leichenflecken hervorruft.

Den Todeszeitpunkt legte der Pathologe auf Mitternacht mit einer Toleranz von »plus minus einer Stunde« fest. Die Körpertemperatur war so weit abgesunken, dass sich die Körper kalt anfühlten, aber noch nicht erkaltet waren. Die Temperaturmessung bestätigte diese Annahme. Die Leichenstarre war fast vollständig eingetreten. Da sich beide Körper in demselben Zustand befanden, konnte davon ausgegangen werden, dass sie etwa zum gleichen Zeitpunkt den Tod gefunden hatten. Mit der Rückseite seines Taschenmessers drückte Dr. Jefferson auf die Muskulatur zwei Finger breit über den Kniescheiben. Sie zeigte keine reflexartigen Reaktionen mehr – ein Zeichen, dass die Frauen schon über sechs Stunden tot sein mussten.

In der linken Hand der Blonden befand sich ein Rasiermesser mit Griff und Klinge, so wie es früher zum Rasieren benutzt wurde. Das Messer, völlig mit Blut verschmiert, machte jedoch einen ungebrauchten Eindruck, so als wäre es erst vor Kurzem gekauft worden. Über die Identität der Frauen gab es keinen Zweifel. Die Blonde war die Ehefrau des Predigers Timothy Cage und die Frau mit den kupferfarbenen Haaren war Helen Brewster.

Der Sheriff hatte sich inzwischen im Zimmer umgesehen: Auf den ersten Blick gab es nichts Auffälliges, außer dass auf dem Nachttisch, rechts neben der auf dem Bett liegenden Leiche, ein Blatt Papier lag, auf dem ein paar Zeilen geschrieben standen. Der Sheriff wies einen seiner Männer an, das Blatt zu fotografieren und seine Lage in der Skizze lagegetreu festzuhalten. Dann nahm er eine Pinzette und steckte das Papier vorsichtig in eine Plastikhülle. Erst danach sah er es sich genauer an und reichte es an den Staatsanwalt weiter, der laut vorlas: »Bitte verzeih mir, dass ich dich allein zurücklasse. Aber ich will nicht mehr auf Erden leben. Ich will bei meinem Vater und meinem Bräutigam im Himmel sein. Helen geht es wie mir. Wir gehen den Weg zusammen. Im Himmel werde ich über dich wachen und für dich beten, bis wir uns wiedersehen. Auf Wiedersehen. Ich liebe dich. Kathy.«

Beide, Sheriff und Staatsanwalt, betrachteten den Abschiedsbrief skeptisch. Für sie war es ungewöhnlich, dass ein Abschiedsbrief auf Computer geschrieben wurde. Normal war eine handschriftliche Form oder zumindest eine Unterschrift von Hand. Hatten beide Frauen tatsächlich gemeinsam Selbstmord begangen? Und wenn ja, warum dann nicht zu Hause oder in der Kirche vor dem Altar, wenn sie so religiös waren? Warum in einem unpersönlichen Hotel, einem eher unreligiösen, geschäftsmäßigen Ort? Warum sich dabei so entstellen? Wäre es nicht viel natürlicher gewesen, wenn sich die Frauen etwas Besonderes angezogen und dann ein Schlafmittel oder Gift genommen hätten? – Je länger die Männer diese Fragen diskutierten, desto überzeugter waren sie, dass der Abschiedsbrief fingiert war und die beiden Frauen von einer dritten Person ermordet worden waren.

Während der Sheriff und Staatsanwalt Dick Marchner zum Haus des Pastors fuhren, um ihm die traurige Nachricht zu überbringen, begann Malcom Drury mit einer gründlichen Durchsuchung des Zimmers: Er nahm Fingerabdrücke, wo immer er welche fand; sammelte Stofffasern, durchstöberte den Papierkorb, schraubte den Siphon des Waschbeckens ab und entleerte den Inhalt in eine Plastiktüte. Auch den Abfluss der Dusche baute er aus und sammelte Haare und sonstige Rückstände ein.

Als die Beamten an der Tür zur Villa des Pastors klingelten, öffnete der übernächtigt aussehende Timothy Cage ihnen persönlich die Türe. Die Nachricht, dass seine Frau und seine Sekretärin eines gewaltsamen Todes gestorben waren, nahm er gefasst auf. Nur seine Hände zitterten, als sie ihm sagten, wie die Frauen gestorben waren. Auf die Frage, ob seine Frau schon einmal Selbstmordabsichten geäußert habe, sagte er, dass sie schon zwei Selbstmordversuche unternommen habe. Sie sei schon seit Langem von dem Wunsch beseelt gewesen, zu ihrem Herrn Jesus zu gehen. Zeugen für die Selbstmordversuche konnte er nicht nennen. Ein Rasiermesser mit Klinge besitze er nicht, sagte er. Auf den Abschiedsbrief angesprochen, gab er an, dass es seiner Frau ähnlichsehen würde. Auch bei den anderen Malen habe sie Briefe für ihn hinterlassen. Er konnte die Briefe allerdings weder vorzeigen noch Personen nennen, die sie gesehen hatten. Nach seinem Alibi befragt, sagte er aus, dass er sich den ganzen Abend bis in die frühen Morgenstunden hinein in seinem Studierzimmer aufgehalten und eine Predigt vorbereitet habe. Zeugen konnte er, außer Gott, dafür nicht nennen, denn jeder wusste, dass er bei solchen Anlässen nicht gestört werden durfte.

Während des Gespräches bemerkte der Sheriff dunkle Flecken auf der Hose des Pastors und, als Timothy Cage einmal seine Hände aus den Taschen nahm, ungewöhnlich dunkle Stellen unter den Fingernägeln der rechten Hand. Er machte den Staatsanwalt darauf aufmerksam. Dieser ordnete an, den Pastor zur weiteren Befragung aufs Präsidium zu bringen. Inzwischen hatte auch die Presse von dem tragischen Tod der beiden Frauen Wind bekommen und belagerte das Anwesen des Pastors. Der Weg zum Streifenwagen wurde für die Beamten und den Pastor zum Spießrutenlaufen. Entgegen seiner sonstigen wortgewaltigen Art reagierte Cage nicht auf die Fragen der Reporter. Im Präsidium wurden von seiner Hose und von den dunklen Stellen unter seinen Fingernägeln Proben genommen. Die Untersuchungen ergaben, dass es sich um menschliches Blut der Blutgruppen handelte, die denen der beiden Frauen entsprachen.

Timothy Cage, der inzwischen einen Anwalt eingeschaltet hatte, verweigerte bis zu dessen Eintreffen die Aussage. Der Anwalt, ein bekannter Strafverteidiger aus Atlanta, Georgia, war drei Stunden später im Polizeipräsidium. Er war mit dem Hubschrauber nach Decatur gekommen. Auf Staatsanwalt Dick Marchner machte es den Eindruck, als hätte der Anwalt nur auf Timothy Cages Anruf gewartet.

Nach einer längeren Konferenz gab Timothy Cage zu Protokoll, dass das Blut auf seine Hose und an die Finger gekommen sei, als er die beiden Frauen verbunden habe. Sie hätten sich am Morgen des Todestages beide mit dem Rasiermesser selbst am

Arm verletzt. Die Schnittwunden seien nicht sehr tief gewesen, wahrscheinlich sei er gerade noch zur rechten Zeit gekommen, um Schlimmeres zu verhindern. Nachdem er die beiden verbunden hatte, habe er ausführlich mit ihnen gesprochen und mit ihnen gebetet. Er sei überzeugt gewesen, dass jede Gefahr vorüber war.

Zu der Bemerkung des Staatsanwaltes, dass es ungewöhnlich sei, dass zwei erwachsene Menschen gleichzeitig Selbstmord begehen wollten, noch dazu mit einem für Frauen ungewöhnlichen Werkzeug, äußerte Timothy Cage nach Abstimmung mit seinem Anwalt, dass die beiden Frauen eng befreundet gewesen seien. In der letzten Zeit habe seine Sekretärin außerdem des Öfteren den Wunsch geäußert, bei ihrem Herrn Jesus zu sein. Dieser Wunsch sei genauso stark ausgeprägt gewesen wie bei seiner Frau. Beide seien sehr emotional veranlagt gewesen.

Weiter gab er an, er müsse seine Aussage, die er im Haus gemacht hatte, korrigieren. Er sei durch den Besuch der Beamten völlig verwirrt gewesen. Er habe das Rasiermesser vor vier Tagen in Huntsville gekauft. In einer Illustrierten habe er gelesen, dass eine Messerrasur für die Haut schonender sei als eine elektrische Rasur mit zwei und mehr Klingen. In welcher Zeitschrift er das gelesen hatte, konnte er nicht angeben. Auf Befragen des Staatsanwaltes gab er weiterhin zu Protokoll, weder am Abend des Todestages noch in der Nacht oder an den Tagen davor in dem Hotel gewesen zu sein. Nach seiner Vernehmung wurde Dr. Cage entlassen, allerdings mit der Auflage, die Stadt nicht zu verlassen.

An den nächsten Tagen sprachen die Polizisten mit Mitgliedern der Kirchengemeinde von Timothy Cage, die mit den beiden Frauen näher bekannt gewesen waren. Dabei kristallisierte sich ein Bild heraus, das dem des Pastors teilweise widersprach: Beide Frauen galten als sehr religiös und konnten als schwärmerisch bezeichnet werden. Vereinzelt hätten sie in Frauengruppen getrennt voneinander und zu unterschiedlichen Zeiten davon gesprochen, dass sie am liebsten bei ihrem Herrn Jesus wären, aber das hatten auch viele andere Mitglieder getan. Konkrete Absichten, sich das Leben zu nehmen, hatten sie nicht geäußert. Außerdem war das Verhältnis der beiden Frauen längst nicht so einträchtig gewesen, wie es der Pastor geschildert hatte, denn auch wenn sie es in der Öffentlichkeit nicht zeigten, waren sie Rivalinnen, die in denselben Mann verliebt waren. Dass sie beide gemeinsam in den Tod gegangen sein könnten, konnte sich keiner der Befragten vorstellen. Es war aber auch keine der befragten Personen bereit, ihre Aussage vor Gericht unter Eid zu wiederholen.

Die parallel aufgenommenen Ermittlungen verlief im Sande: Niemand hatte den Pastor am Todestag in der Nähe des Hotels oder im Hotel gesehen. Das Hotel konnte allerdings auf der rückwärtigen Seite unbemerkt durch einen Serviceeingang betreten werden. Normalerweise war die Tür nur von innen zu öffnen, doch seit zehn Tagen war das Schloss defekt und man konnte die Tür auch von außen öffnen. Ob der Pastor das gewusst hatte, war nicht mehr zu ermitteln.

Um den Pastor des Mordes an seiner Frau und der Sekretärin zu überführen – denn von seiner Schuld war der Staatsanwalt überzeugt –, blieben nur noch die Ermittlungsergebnisse des Rechtsmediziners. Dies bereitete dem Staatsanwalt große Sorgen, denn Dr. Jefferson war erst seit wenigen Monaten im Amt und dies war sein erster wirklich großer Fall. Dr. Jefferson war sich der Verantwortung und auch der Tatsache, dass man ihn als Schwarzen in den Südstaaten besonders kritisch beobachten würde, voll bewusst. Alles, was er feststellen würde, musste hundertprozentig wasserdicht sein, denn schließlich handelte es sich bei dem Verdächtigen um einen Weißen und noch dazu um eine prominente Persönlichkeit. Er ging deshalb bei seiner Obduktion mit äußerster Gründlichkeit und Sorgfalt vor, wobei er ein besonderes Augenmerk darauf richtete, jedes Detail festzuhalten, das für einen Selbstmord, aber auch alles zu dokumentieren, was gegen einen solchen sprach. Dass ein Selbstmord mit dem Rasiermesser – bei dem man sich selbst die Kehle durchschneidet und die Halsschlagader durchtrennt – für eine Frau wohl eine ungewöhnliche Selbstmordart war, ließ er dabei unberücksichtigt, denn es war zwar nur schwer vorstellbar, aber nicht unmöglich.

Nachdem er die Leichen wie üblich genau untersucht und keine äußeren Verletzungen festgestellt hatte, widmete er sich den Verletzungen, die sich die Frauen angeblich im Haus des Pastors selbst zugefügt haben sollten und die dieser verbunden haben wollte. Es waren jeweils zwei Schnittwunden am linken Arm, 3 Zentimeter über dem Handgelenk. Die Wunden waren nicht tief und hatten keine Pulsader verletzt. Das Blut, das sich um die Wunden herum befand, war verschmiert, was vom Verband herrühren konnte. Er verstrich eine Probe auf einem Objektivträger und betrachtete die Körperflüssigkeit unter dem Mikroskop. Dabei machte er interessante Entdeckungen: Das Blut war bereits geronnen gewesen, als es auf der Haut verschmiert worden war. Nun sah er sich die Wunden an den Armen der Frauen mit einem starken Vergrößerungsglas genauer an.

Er begann bei der Frau des Pastors. An den Wundrändern und dort, wo das Messer die Haut und das darunterliegende Gewebe durchtrennt hatte, war kein oder nur sehr wenig Blut ausgetreten. Das bedeutete, dass die Schnitte der Frau erst zugefügt worden waren, als diese bereits tot war und kein Blut mehr durch die Adern gepumpt werden und die Wunde deshalb nicht bluten konnte. Das Blut war also nachträglich und absichtlich um die Wunde herum verschmiert worden. Damit stand fest, dass der Pastor hinsichtlich der Verletzungen gelogen haben musste. Dafür sprach auch, dass Dr. Jefferson weder im Blut noch im Bereich der Wunden Spuren von Verbandsmaterial fand. Was außerdem gegen eine Selbstmord-Theorie sprach, war, dass sich am Handgelenk keine weiteren Einschnitte befanden. Normalerweise führen Selbstmordkandidaten mehrere Probeschnitte aus, bevor sie sich entschließen, die Adern mit einem Schnitt zu durchtrennen. Zudem hätten sich die Frauen die Schnittwunden, so wie sie verliefen, nicht selbst zufügen können. Die Frau des Pastors war Linkshänderin – ihr wäre das schon aus diesem Grund niemals möglich gewesen. Sie hätte sich mit Sicherheit mit der linken Hand in den rechten Arm geschnitten. Wer immer den Frauen die Schnitte zugefügt hatte, konnte nichts von der Linkshändigkeit der Frau gewusst oder musste es in der Aufregung vergessen haben.

Ähnlich sah es bei den Schnitten am Hals aus. Hier fehlten ebenfalls Probeschnitte. Außerdem verlief der Schnitt in die falsche Richtung und die Schnitte waren so weit geführt, wie sie eine Person, die sich umbringen will, rein physisch gar nicht ausführen kann. Hinzu kam, dass der Kopf nach hinten gelegt oder gezogen worden war, bevor der tödliche Schnitt gemacht wurde. So spannte sich der Hals und der Schnitt konnte leichter durch die Haut dringen. Das wurde zwar in der Regel auch von Selbstmördern so gehandhabt, doch dann trafen sie meist nicht die Halsschlagader, weil diese sich tiefer nach hinten drückte. Entweder musste sich der Selbstmörder in einem solchen Fall mit einem zweiten Schnitt die Halsschlagader durchtrennen oder sich auf eine andere Art umbringen. Hier aber war der Schnitt mit einer solchen Gewalt geführt worden, dass er fast bis zu Halswirbelsäule reichte, also auch Luft- und Speiseröhre durchtrennt hatte.

Damit stand für Dr. Jefferson fest: Die beiden Frauen waren ermordet worden. Ein Selbstmord war definitiv auszuschließen. Und ein anderer Gedanke drängte sich ihm auf: Der Täter, der das Blut auf den Schnittwunden am Handgelenk verschmiert hatte, könnte möglicherweise nicht daran gedacht haben, sich zwischendurch die Hände gründlich zu waschen, jedenfalls hatte Malcom Drury weder im Waschbecken noch im Siphon Blutspuren gefunden. Dr. Jefferson nahm erneut Spuren von dem Blut am Handgelenk der Toten und führte eine Blutgruppenbestimmung durch. Seine Mühe wurde belohnt. Am Handgelenk der Ehefrau des Pastors fand er Blut, das die gleiche Blutgruppe hatte wie das der Sekretärin.

Als seine Untersuchungsergebnisse dem Staatsanwalt vorlagen, erhob Dick Marchner Anklage gegen Dr. Timothy Cage wegen Mordes an seiner Frau und seiner Sekretärin. Während der Gerichtsverhandlung ging die Verteidigung sehr geschickt vor. Sie versuchte mit allen Mitteln, den Pathologen im Kreuzverhör unglaubhaft oder in seinen Aussagen unsicher erscheinen zu lassen und wann immer ihr das nicht gelang, ging sie während des Kreuzverhörs fachlich so in die Tiefe und in die technischen Details, dass die Geschworenen schon bald nicht mehr folgen konnten.

Timothy Cage selbst blieb bei seiner Behauptung, dass er unschuldig sei und die Frauen sich das Leben genommen hatten, um bei ihrem Heiland zu sein. Wegen der dramatischen Wirkung hatte er seine Bibel vor sich liegen, in der er von Zeit zu Zeit blätterte, wonach er seine Hände jedes Mal zum Gebet faltete. Bei den Geschworenen und der Presse kam dieses Bild der Demut gut an. Staatsanwalt, Sheriff und Pathologe wurden sich im Verlauf des Prozesses immer bewusster, dass sie das Verfahren verlieren würden, es sei denn, ihnen würde es gelingen nachzuweisen, dass der Pastor sich ebenfalls in dem Hotelzimmer aufgehalten hatte, in dem der Mord verübt worden war.

Dr. Jefferson nahm sich das Hotelzimmer daraufhin noch einmal vor. Mit einer Lupe untersuchte er jeden Quadratzentimeter des Teppichbodens, des Bettes und der Möbel. Er suchte nach Stofffasern, die von der blutbefleckten Hose des Angeklagten stammten. Jede Faser, die er fand, wurde in einer Plastiktüte sichergestellt. Als Letztes saugte er alles mit einem starken Staubsauger ab und nahm die Staubsaugerbeutel ebenfalls mit ins Labor. Zum Schluss tauschte er den Luftfilter in der Klimaanlage aus.

In seinem Labor angekommen, betrachtete er alles genau unter dem Mikroskop – eine mühselige und langwierige Arbeit. Da die Zeit drängte, arbeitete er 24 Stunden ununterbrochen und hatte Erfolg: In dem Luftfilter fand er mehrere Fasern, die eindeutig zu der blutbefleckten Hose des Angeklagten gehörten. Das war der ausschlaggebende Beweis, dass Timothy Cage, entgegen seiner Behauptung, nie das Zimmer betreten zu haben, am Tatort gewesen sein musste.

Die Strategie der Verteidigung brach zusammen. Die Geschworenen schlossen sich der Auffassung des Staatsanwaltes an, dass Timothy Cage selbst den Brief geschrieben hatte, um den Mord an den beiden Frauen zu vertuschen. Warum sich die beiden Frauen im Hotel befunden hatten, konnte nicht geklärt werden, da der Pastor die Aussage verweigerte.

Nach zehntägiger Verhandlung wurde Timothy Cage des Mordes an seiner Frau und seiner Sekretärin für schuldig befunden und zu zweimal lebenslanger Haft verurteilt.

Wer war der Täter – Ehemann oder Einbrecher?

Ein kniffliges Problem für den Rechtsmediziner

August 2004: Der Wagen war gepackt, die Schwiegermutter in das Gießen der Blumen eingewiesen und Schröder, der Golden Retriever, in seiner Hütte angebunden. Er lag beleidigt, seinen Kopf auf die Vorderpfoten gelegt, auf dem Boden. Zum ersten Mal durfte er nicht mit. Tochter Jannin war mindestens genauso traurig wie ihr Spielgefährte. Doch ihr Vater, Erich Semmelrogge, war standhaft geblieben. In der gemieteten Ferienvilla in Denia, Spanien, waren Hunde nicht erlaubt.

Zum ersten Mal seit ihrer Hochzeitsreise hatte sich das Ehepaar die Zeit genommen, während der Sommerferien für längere Zeit in den Urlaub zu fahren. Verheiratet waren Sylvia und Erich Semmelrogge seit neuneinhalb Jahren. Erich Semmelrogge war jetzt 37 Jahre alt. 1990, gleich nach der Wende, war er in den Westen gegangen und hatte sich bei der Baufirma *Bernsen* beworben. Als gelernter Fliesenleger wurde er sofort angestellt, denn die Auftragsbücher des Unternehmens waren gut gefüllt und die desolaten Bauzustände in der ehemaligen DDR versprachen große Ausbaumöglichkeiten. Erich Semmelrogge benötigte fast ein Jahr, um sich an die härteren Arbeitsbedingungen im Westen zu gewöhnen, doch dann fanden sein Arbeitseifer und seine Tüchtigkeit bei seinem Chef Anerkennung.

Seine Frau Sylvia, die Tochter des Chefs, lernte er im Betrieb kennen. Sie organisierte das Büro ihres Vaters. Die beiden verliebten sich ineinander und als Jannin unterwegs war, heirateten sie und bauten sich auf dem Gelände der Firma ein Haus. Die ersten Jahre waren glücklich, doch mit der Zeit traten in der Beziehung Spannungen auf. Die unterschiedlichen Lebenseinstellungen – vor allem was das Thema »Geld« anbelangte – waren der Anlass zu heftigen Auseinandersetzungen. Sylvia war zur Sparsamkeit erzogen worden, während Erich, endlich von den Beschränkungen der ehemaligen DDR befreit, das Leben genießen wollte. Vor allem sein Hang zu teuren Autos war Sylvia ein Dorn im Auge. Hinzu kam eine wachsende Eifersucht, denn Erich, ein gut aussehender, sportlicher Mann, gefiel den Frauen. Auch wenn Sylvia es ihm nicht nachweisen konnte, so hatte sie doch den Verdacht, dass er immer wieder Liebschaften hatte und seine Zeit nicht immer auf den Baustellen, sondern auch bei seinen Freundinnen verbrachte. Sie beauftragte sogar einmal einen Privatdetektiv damit, ihren Mann zu überwachen, doch der brachte außer Kosten keine befriedigenden Ergebnisse. Die Ungewissheit war ihr geblieben und zerrüttete langsam, aber sicher das Verhältnis zu ihrem Mann. Zweimal hatte sie ihm mit Scheidung gedroht, vor drei Wochen hatte sie einen Anwalt eingeschaltet. Durch diesen Schritt war Erich Semmelrogge offenbar zur Vernunft gekommen, denn er hatte Sylvia dazu überredet, dass sie es noch einmal miteinander versuchen sollten. Zum Zeichen, wie ernst er es meinte, hatte er ihr vorgeschlagen, zusammen mit Jannin für drei Wochen nach Spanien zu fahren. In einer anderen Atmosphäre, fernab vom beruflichen Stress und den Schwiegereltern – die selbst nach fast zehnjähriger Ehe noch immer über ihre einzige Tochter wachten und dazu neigten, sich in alles einzumischen – wollten sie wieder zueinander finden.

Das Ferienhaus, das Erich gemietet hatte, lag etwas abseits der Touristenströme in den Bergen. Es war eine geräumige Villa. Sie verfügte über drei Schlafzimmer, ein Dachstudio, ein Solarium und einen großen Swimmingpool. Von der Terrasse aus hatte man einen grandiosen Blick auf das Meer. – Das war das Bild, das sich bei den Ermittlungen der deutschen Polizei aus den Befragungen im Bekanntenkreis der Familie Semmelrogge ergeben hatte.

Drei Tage nach der Ankunft der Semmelrogges erhielt die Polizei von Pego um 3 Uhr 30 in der Frühe einen Anruf. Eine männliche Stimme meldete sich und sprach auf Deutsch. Der diensthabende Beamte forderte den Anrufer auf, Spanisch zu sprechen, da im Revier niemand Deutsch verstand. Der Mann reagierte nicht auf die Forderung. Hysterisch sprudelten seine Worte durch die Leitung. Der Beamte wollte schon hilflos auflegen, als er aus dem Wortschwall eine Adresse herauszuhören glaubte. Zum Glück wiederholte der Mann am anderen Ende sie wieder und wieder, sodass er sie trotz der fremden Sprache verstand. Um 3 Uhr 35 schickte er einen Streifenwagen zu der angegebenen Adresse. Der Wagen erreichte die Villa um 3 Uhr 50.

Wie aus dem Polizeibericht später hervorging, war es in der Villa vollkommen ruhig. In drei Räumen brannte Licht. Auf der Straße und im Garten war kein Mensch zu sehen. Die Beamten gingen zur Tür und klingelten. Es dauerte eine Weile, bis ihnen ein Mann öffnete. Er war nur mit einer Pyjamahose bekleidet. Der Oberkörper war blutüberströmt und an die linke Wange hielt er ein Handtuch gepresst, das ebenfalls mit Blut getränkt war. Die Beamten sahen, dass er unter Schock stand und den Eindruck machte, jeden Augenblick zusammenzubrechen.

Sie zogen ihre Waffen und entsicherten sie, bevor sie dem Mann ins Haus folgten. Zuerst durchsuchten sie das Haus, bevor sie sich um den Mann kümmerte. Was sie im Schlafzimmer sahen, entsetzte selbst die erfahrenen Polizisten: Eine Frau lag halb auf dem Boden, halb auf dem Bett. Das Nachthemd war an der Brust zerrissen und eine breite Wunde klaffte in ihrer Herzgegend. Weitere Wunden, offensichtlich Stichwunden, waren zu sehen. Die Frau schwamm förmlich in ihrem Blut. Die rechte Wand sah aus, als hätte jemand mit einem Pinsel rote Farbe dagegen gespritzt.

Nachdem die Beamten gesehen hatten, dass hier keine Hilfe

mehr geleistet werden konnte, durchsuchten sie die anderen Räume des Hauses. In einem anderen Zimmer fanden sie ein ähnliches Bild vor wie im Schlafzimmer. Hier lag ein Mädchen auf dem Bett. Auch bei ihr klaffte in der Herzgegend eine breite Wunde. Sie blutete nicht mehr, ein Zeichen dafür, dass das Herz aufgehört hatte zu schlagen und damit kein Blut mehr aus der Wunde presste.

Der ältere der beiden Beamten erstattete dem Revier Meldung, während der jüngere ins Wohnzimmer ging, um nach dem Mann zu sehen. Der saß auf dem Sofa, hielt noch immer das Handtuch gegen seine linke Wange gepresst und schaukelte mit dem Oberkörper rhythmisch nach vorn und zurück. Der Streifenbeamte sprach ihn an, doch der Mann reagierte nicht. Nicht einmal im Schaukeln hielt er inne.

Es dauerte fast eine halbe Stunde, bis eine Ambulanz eintraf. Die Sanitäter nahmen dem völlig apathischen Mann das Handtuch aus der Hand und sahen sich die Wunde an. Oberhalb des Kieferknochens waren die Haut und das darunterliegende Muskelgewebe vom Ohr bis zur Kinnspitze im Zickzack eingerissen. Sie legten dem Mann einen Notverband an, gaben den Polizisten eine Karte mit der Adresse des Krankenhauses, in das der Patient gebracht werden sollte, und fuhren mit Blaulicht und eingeschaltetem Signalhorn davon.

Als Nächstes trafen die Beamten der Kriminalpolizei aus Denia ein. Danach kamen der Arzt und ein Allgemeinmediziner, der eine Praxis in der Innenstadt von Denia hatte und außerdem als Pathologe für die Polizei arbeitete. Während sich der Arzt zu den Toten begab, gingen die Kriminalbeamten durch die Villa, um sich einen Überblick zu verschaffen: Die Scheibe der Terrassentür war eingeschlagen. Die Glassplitter lagen auf den Terrakotta-Fliesen im Haus in weitem Umkreis verteilt. Draußen auf der Terrasse vor der Tür lagen keine Glasscherben. Der oder die Täter mussten mit einer Gewalt zugeschlagen haben, die nicht nötig gewesen wäre, um ein Loch in die Scheibe zu schlagen, durch das sich die Tür dann öffnen ließ.

Mit einem Vergrößerungsglas suchte einer der Beamten die Tür nach Kratzern ab. Die Kratzer, die er entdeckte, waren schon älteren Datums. Frische Spuren waren nicht zu sehen – was ein Zeichen dafür war, dass die Täter gar nicht erst versucht hatten, die Tür auf andere Weise von außen zu öffnen. Das war etwas ungewöhnlich, denn das Einschlagen der Scheibe dürfte mehr Lärm gemacht haben, als es das Aufbrechen des Türschlosses oder das Aushebeln der Tür gemacht hätte.

Die Zimmer im Inneren des Hauses sahen aus, als hätte hier ein Wirbelsturm durchgefegt: Im Wohnzimmer stand kein Möbelstück mehr an seinem Platz. Was nicht umgeworfen worden war, stand kreuz und quer im Raum. In der Küche waren die Schubladen herausgerissen und Besteck und Geschirrteile lagen auf dem Boden verstreut. Im Bad sah es nicht besser aus. Hier befanden sich im Waschbecken, an der Wand über dem Becken und am Fußboden Blutspritzer. Im Elternschlafzimmer und im Kinderzimmer sah es nicht anders aus. Die Schubladen der Nachttische standen offen und der Inhalt lag ebenfalls auf dem Boden verstreut. Der Inhalt der Kleiderschränke war ebenfalls wahllos herausgerissen worden. Das alles machte auf die Beamten den Eindruck, als wären die Schlafzimmer in großer Eile durchsucht worden. Das dritte Zimmer und das Studio waren von den Tätern offenbar gar nicht betreten worden, denn diese beiden Räume machten einen aufgeräumten Eindruck. Ob die oder der Täter etwas mitgenommen hatten, konnte nicht festgestellt werden. Dazu musste Erich Semmelrogge später befragt werden.

Der Arzt hatte die Leichen inzwischen untersucht. Die Frau und das Mädchen waren durch einen Stich direkt ins Herz mit einem scharfen Gegenstand getötet worden. Außer diesem Stich waren der Frau noch zehn weitere Stiche und dem Mädchen vier Stiche zugefügt worden. Keiner davon war jedoch tödlich gewesen und so ergaben sie für den Arzt keinen Sinn. Ihre Lage und Tiefe war so, als hätte der Täter wahllos auf seine Opfer eingestochen. Als Todeszeit gab er »1 Uhr plus minus 30 Minuten« an. Die Körpertemperatur war noch nicht sehr weit abgesunken und die Todesstarre noch nicht weit ausgeprägt. Nach Eintreten des Todes waren weder die Frau noch das Mädchen bewegt worden. – Nachdem sich die Beamten einen Überblick verschafft hatten, begannen die Experten der Spurensicherung mit ihren Untersuchungen. Danach wurden die Leichen abtransportiert und das Haus wurde versiegelt.

Die Obduktion, die der Pathologe in einem Aufbewahrungsraum eines Bestattungsunternehmens durchführte, bestätigte seine erste Diagnose. Die üblichen Gewebeproben und entnommenen Körperflüssigkeiten wurden zur weiteren Untersuchung in ein medizinisches Labor nach Alicante geschickt. Der Befund, der 14 Tage später bei der Polizei in Denia einging, besagte, dass sowohl die Frau als auch das Mädchen eine hohe Dosis eines starken Beruhigungsmittels im Blut gehabt hatten. Das Mittel war wahrscheinlich in Coca-Cola aufgelöst in den Körper gelangt. Die Polizei hatte angeordnet, dass auch bei Erich Semmelrogge eine Blutuntersuchung gemacht werden sollte. Die Untersuchung ergab, dass er das gleiche Mittel im Blut hatte, allerdings in einer wesentlich geringeren Menge.

Erich Semmelrogge hatte noch vom Krankenhaus die Eltern seiner Frau über die Tragödie informiert und sich über die heimische Firma einen deutsch sprechenden Anwalt in Denia nennen lassen. Seine Verletzungen waren nicht schwer, aber schmerzhaft. Der Riss wurde mit zwölf Stichen genäht. Da er noch immer unter Schock zu stehen schien, gab ihm der behandelnde Arzt ein Beruhigungsmittel und behielt ihn während der Wirkungszeit des Medikamentes im Krankenhaus. Am späten Vormittag desselben Tages wurde er entlassen. Ein Kriminalbeamter erwartete ihn und brachte ihn zur Vernehmung ins Polizeipräsidium. Der deutsch sprechende Anwalt, der sich noch in der Nacht bei der Polizei gemeldet hatte, war ebenfalls zugegen.

Zusammengefasst gab Erich Semmelrogge Folgendes zu Protokoll: Die Familie war am Abend nach dem Essen noch in eine Strandbar eingekehrt, um etwas Erfrischendes zu trinken. Sie hatten alle Coca-Cola getrunken. Neben ihnen hatten Männer gesessen, seiner Meinung nach Marokkaner oder etwas Ähnliches, denn sie unterhielten sich in einer Sprache, die er für Arabisch hielt. Beide hatten mit seiner Tochter geflirtet, was ihm missfiel, und so hatte er den Platz mit seiner Tochter getauscht. Dabei hatten sie vergessen, die Gläser ebenfalls zu vertauschen. Gegen 22 Uhr hatte sich die Tochter sehr müde gefühlt und hatte nach Hause gehen wollen. Auch seine Frau hatte sich schlapp gefühlt. Er selbst wäre gern noch länger geblieben. Zu Hause hatten sich seine Frau und seine Tochter sofort schlafen gelegt, während er ins Studio gegangen war, um noch zu arbeiten. Er hatte dabei über Kopfhörer Musik gehört, um seine beiden Frauen nicht zu stören.

Irgendwann nach Mitternacht war er unruhig geworden – warum konnte er nicht mehr sagen, aber er hatte so ein Gefühl gehabt, dass irgendetwas nicht stimmte. Als er die Kopfhörer abgenommen hatte, konnte er unter sich ungewöhnliche Geräusche hören. Er war hinuntergegangen, hatte die Terrassentür offen vorgefunden und jemanden in der Stube gesehen. Als er den Mann empört angeschrien hatte, war ein zweiter in das Zimmer gekommen und beide hatten ihn angegriffen. Bei dem Kampf war die Einrichtung hin und her geflogen. Einer der beiden Männer hatte einen Eispickel in der Hand gehabt und der andere ein langes Messer mit Doppelscheide. Der mit dem Eispickel hatte ihm die Verletzung im Gesicht zugefügt. Er war, um auszuweichen, nach hinten gesprungen, gestürzt, mit dem Hinterkopf auf eine Tischkante geschlagen und bewusstlos gewesen. Als er wieder zu Bewusstsein gekommen war, waren die Männer verschwunden. Warum sie ihn am Leben gelassen hatten, konnte er nicht sagen. Vielleicht, so bemerkte er, hätten sie ihn für tot gehalten. Sofort, nachdem er wieder hatte aufstehen können, hatte er nach seiner Familie gesehen. Beide hatte er so vorgefunden, wie die Polizei. Bei seiner Tochter hatte er noch Mund-zu-Mund-Beatmung versucht, vergeblich. Seine Frau hatte er mit seiner zerfetzten Pyjamajacke zugedeckt. Die Gesichter der beiden Männer konnte er nicht beschreiben, da sie Masken getragen hatten. Er hatte nur gesehen, dass beide krause, dunkle Haare gehabt hatten. Sie hatten halbärmlige dunkle T-Shirts und Jeans getragen. Die Füße hatten ohne Socken in braunen Ledersandalen gesteckt. Auf der Jeans, die der Mann mit dem Eispickel getragen hatte, hatte er einen handtellergroßen Flicken gesehen, der mit weißem Garn aufgenäht war.

Nach der Vernehmung wurde Erich Semmelrogge angewiesen, sich ein Hotelzimmer zu nehmen, da er das Ferienhaus in der nächsten Zeit nicht betreten durfte. Nur die Kleidung, die er dringend benötigte, und seine Toilettenartikel durfte er im Beisein eines Polizisten aus dem Haus holen.

Am nächsten Tag trafen die Eltern von Sylvia Semmelrogge ein. Sie machten die Entscheidung ihres Schwiegersohnes rückgängig. Er wollte seine Frau und Tochter sofort nach der Freigabe durch die Polizei einäschern und die Urnen nach Deutschland überführen lassen. Dic Eltern bestanden darauf, dass die Leichen von einem deutschen Rechtsmediziner untersucht wurden.

Bei einer Begehung des Hauses im Beisein der Polizei stellte Erich Semmelrogge fest, dass ein Ring mit einem Brillianten, der etwa ein Karat hatte, und eine Kette mit einem Diamantenanhänger von zwei Karat sowie 5000 Euro fehlten. Ring und Kette hatte seine Frau am Abend vor dem Mord getragen.

Für die Polizei stellte sich die Tat als Raubmord dar, so wie es leider immer wieder in der Hauptsaison vorkam – meistens durch den Leichtsinn der Opfer selbst heraufbeschworen, wie auch in diesem Fall. Es war nach Ansicht des leitenden Kriminalbeamten mehr als leichtsinnig, so teuren Schmuck in den normalen Touristenbereichen, wie zum Beispiel in einer Strandbar, zu tragen. Die Polizei ging weiterhin davon aus, dass als Täter die beiden Männer in Betracht kamen, die die Familie in der Strandbar getroffen hatte. Nach ihrer Auffassung war es eher eine spontane Tat gewesen als eine geplante. Dafür sprach die eingeschlagene Terrassentür. Profis hätten passende Schlüssel oder entsprechendes, wenig Lärm verursachendes, Werkzeug verwendet. Auch die Morde und der Kampf in der Stube sprachen dafür. Profis würden sich nicht zu mehr als normalem Raub hinreißen lassen, der während der Hochsaison Dutzende von Malen vorkam.

Die weiteren Ermittlungen verliefen erfolglos. Zwei Wochen nach der Tat durfte Erich Semmelrogge Denia verlassen und nach Deutschland zurückkehren. Die Leichen seiner Frau und seiner Tochter wurden auf Antrag der Augsburger Staatsanwalt, in deren Zuständigkeitsbereich der Wohnort der Semmelrogges fiel, nach Deutschland überführt. Die Obduktion der Leichen war Aufgabe von Dr. Warenholz. Der forderte zunächst die Akte an, um zu sehen, was seine spanischen Kollegen ermittelt hatten. Nach einigen Irrwegen landete sie schließlich auf seinem Schreibtisch. Während die eingefrorenen Leichen auftauten, studierte er die Akten. Für ihn persönlich war es wichtig, das ganze Umfeld eines Falles zu kennen, denn nur so konnte er scheinbare Nebensächlichkeiten richtig deuten. Normalerweise wurde er zum Tatort gerufen, wo er nicht nur die Leiche untersuchte, sondern auch die Besonderheiten des Tatortes. Er nahm gewöhnlich Boden- und Lippenstiftproben, in der Nähe der Leiche liegende Haare und Ähnliches zu Vergleichsuntersuchungen mit. In diesem Fall mussten die Akten, die Beschreibungen und die Fotos die praktische Begutachtung des Tatortes ersetzen. Da er schon seit über 15 Jahren in der Rechtsmedizin tätig war, hatte Dr. Warenholz einen genauen Einblick in die Arbeit der Kriminalpolizei gewonnen und ein Gespür dafür entwickelt, was an einem Tatort »logische Spuren« waren und was inszeniert war, um vom wirklichen Tathergang abzulenken.

Bei der Obduktion fand er nichts, was nicht auch seine spanischen Kollegen schon festgestellt hatten. Die Einnahme des Beruhigungsmittels ermittelte er allerdings genauer. Sie stimmte mit dem Zeitpunkt überein, den der Ehemann als Zeitraum für den Besuch in der Strandbar angegeben hatte. Das bedeutete, dass die Ehefrau und das Mädchen zum Zeitpunkt ihrer Ermordung tief geschlafen haben mussten. Das Mädchen viel fester, weil es die Portion, die nach Aktenlage dem Vater zugedacht gewesen war, getrunken hatte. Bei genauer Betrachtung der Stichwunden kam er zur Überzeugung, dass die Tatwaffe ein langer, konisch zur Spitze zulaufender, metallischer Gegenstand gewesen sein musste. An vier Wundrändern entdeckte er dunkle Flecken, die nicht vom Blut herrührten. Sie waren bei dem Mädchen stärker ausgeprägt als bei seiner Mutter. Unter dem Mikroskop sahen die Flecke wie Rost aus. Er schickte die Proben ins polizeitechnische Labor, das sie genauer bestimmen konnte. Tage später erhielt er den Bericht. Er bestätigte seine Annahme: Die Spuren stammten von einem angerosteten Eisen. Da bei dem Mädchen mehr Rostspuren vorhanden waren, schloss er, dass sie zuerst ermordet worden war. Das wiederum gab ihm zu denken. Er sah sich den Grundriss des Erdgeschosses der Villa in den Akten an. Das Zimmer des Mädchens lag am Ende eines Ganges. Der Täter hätte, um zu ihr zu gelangen, zunächst am Elternschlafzimmer vorbeigehen müssen, dann an einem Bad, danach an einem kleinen Schlafzimmer, dann noch an einer Dusche und wäre erst dann zum Zimmer der Tochter gekommen. Warum aber hätte der Täter die Gefahr auf sich nehmen sollen, auf dem Weg dorthin gesehen zu werden? Und warum war das Mädchen zuerst ermordet worden? – Logische Antworten, die mit den Angaben in den Akten übereinstimmten, konnte er hierauf nicht finden. Dafür begann er nun, nach weiteren Unstimmigkeiten zu suchen. Schritt für Schritt rekonstruierte er den Tathergang, wie er in den Akten beschrieben war. Dabei fiel ihm auf, dass Glassplitter, die durch das Einschlagen der Terrassentür entstanden waren, nur im Bereich des Wohnzimmers beschrieben wurden. Im Außenbereich schien es keine Splitter gegeben zu haben. Normalerweise war das aber unmöglich, es sei denn, jemand hatte die Splitter aufgesammelt und in die Wohnung hineingelegt, um sicherzustellen, dass nicht übersehen werden konnte, dass die Tür von außen eingeschlagen worden war. Wer aber konnte das gemacht haben? Für ihn kam nur einer in Frage: Erich Semmelrogge. Sollte er das getan haben, dann – und davon war der Pathologe überzeugt – würde man auch jetzt noch winzige Glasteilchen in den Fingern des Täters finden.

Aber warum sollte er seine Familie auf solch bestialische Weise ermordet haben? Was war sein Motiv? – Diese Fragen zu beantworten war nicht seine Aufgabe. Dafür gab es die Experten der Kriminalpolizei.

Nachdem er einen Verdächtigen hatte, begann er be- und entlastendes Material zu sammeln. Zunächst beschäftigte er sich mit der Wunde an der Wange von Erich Semmelrogge. Da die Beschreibung des behandelnden Arztes eher dürftig war, rief er in Spanien an. Er selbst sprach ein durchaus brauchbares Spanisch und benötigte deshalb keinen Dolmetscher. Und er hatte Glück: Der behandelnde Arzt konnte sich noch genau an den Fall erinnern und seinem deutschen Kollegen die Wunde genau beschreiben: Der Riss war nicht tief gewesen, musste aber, damit keine große Narbe entstand, genäht werden. Die Wunde begann am Kinn, wurde zur Mitte hin tiefer und flachte zum Ohr hin wieder ab. Der Riss war durch einen spitzen Gegenstand verursacht worden. Die Frage von Dr. Warenholz, ob es sich dabei um einen Eispickel gehandelt haben könnte, wurde bejaht. Und noch etwas war dem spanischen Arzt aufgefallen, er hatte dem aber keine Bedeutung beigemessen: Der Gegenstand, der die Wunde verursacht hatte, war nicht mit einer schnellen Bewegung, sondern, den Wundrändern nach zu urteilen, eher langsam über die Haut gezogen worden. Für Dr. Warenholz war das ein Zeichen, dass die Wunde nicht in der Hitze eines Kampfes entstanden sein konnte.

Außerdem drängte sich dem Pathologen ein weiterer Gedanke auf: Der Kampf hatte im Wohnzimmer stattgefunden, dort waren aber keine Blutspuren gefunden worden, was bedeutete, dass die Wunde woanders entstanden sein musste. Er dachte, den Blutspuren nach zu urteilen, an das Badezimmer, konnte es aber nicht beweisen.

Nach Abschluss aller Untersuchungen schrieb er seinen Bericht für die Staatsanwaltschaft. Diese erließ aufgrund der Fakten, die Dr. Warenholz zusammengetragen hatte, Haftbefehl gegen Erich Semmelrogge wegen des Verdachts des Mordes, begangen an seiner Ehefrau und an seiner Tochter.

Die Beamten fanden ihn im Spielkasino von Baden-Baden, wo er nach Auskunft der Geschäftsleitung ein häufiger Gast war. Erich Semmelrogge beschwor bei seiner Verhaftung und den folgenden Vernehmungen immer wieder seine Unschuld. Dabei ließ er sich auch nicht davon beirren, dass man in seinen Fingerspitzen, wie Dr. Warenholz vermutet hatte, winzige Spuren von Glas gefunden hatte. Das Glas stimmte in seiner Struktur mit dem Glas überein, dessen Splitter man in der Wohnung der Villa sichergestellt hatte. Daraufhin wurde ein Beamter nach Spanien geschickt, der zusammen mit seinen spanischen Kollegen nach der Mordwaffe suchen sollte. Am Abhang außerhalb der Einfriedung des Grundstückes wurde ein Eispickel gefunden. Bei der labortechnischen Untersuchung wurde darauf nicht nur Blut von Erich Semmelrogge gefunden, sondern auch von seiner Frau und seiner Tochter. Damit war bewiesen, dass der Eispickel die Tatwaffe gewesen war.

Während des Prozesses blieb Erich Semmelrogge bei seiner Behauptung, dass er unschuldig sei. Das Gericht glaubte im jedoch nicht und verurteile ihn zu lebenslanger Haft. Wie die Staatsanwaltschaft gefordert hatte, unterstellten ihm die Richter niedere Beweggründe. Durch die Tat habe er sich an dem Vermögen seiner Frau bereichern wollen.

Zwei Männer – ein Opfer

Wer von beiden hat den Tod verursacht? Eine Frage an den Rechtsmediziner

Nimmt man die Straße zwischen Steinach und Steinfeld, so ist der Fahrer auf der ganzen Strecke fast nur von Wald umgeben. Im Herbst streift außer Pilzsammlern kaum jemand durch diesen einsamen Teil des Thüringer Waldes. Trotzdem wurde am 29. September 2001 der Polizei von Steinbach über Mobilfunk von einem Hamburger Ehepaar ein grausiger Fund gemeldet.

Wie sie der kurz darauf eingetroffenen Streifenwagenbesatzung mitteilten, waren sie auf dem Weg von Sonneberg, wo sie in einer Pension wohnten, nach Ilmenau gewesen. Kurz hinter Steinach hatte die Frau ein menschliches Bedürfnis verspürt und ihren Mann gebeten anzuhalten. Der war noch ein paar Minuten gefahren, bevor sie einen geeigneten Platz entdeckt hatten. Der Mann hatte am Straßenrand gehalten und sie war bis zu einer Gruppe von Büschen gegangen. Gleich hinter den Büschen befand sich eine Mulde, in der sich Laub und Äste gesammelt hatten. Zwischen dem Astwerk war ihr etwas aufgefallen. Ein paar Sonnenstrahlen hatten einen Gegenstand aufblitzen lassen. Neugierig geworden, war sie an den Rand der Mulde getreten, um sich den Gegenstand anzusehen. Nachdem sie zwei oder drei Zweige weggeräumt hatte, konnte sie den Verschluss einer Lederhandtasche erkennen. Da die Tasche neu war, dachte sie, dass vielleicht jemand die Tasche verloren hatte. Sie hatte daraufhin ihren Mann gerufen, der die Handtasche aus dem Gestrüpp holen sollte. Sie selbst befürchtete, ihre Strümpfe zwischen den Ästen zu ruinieren. Ihr Mann war in die Mulde geklettert, um die

Handtasche an dem Riemen herauszuziehen. Sie hatte sich irgendwo verhakt und er musste gehörig ziehen, bevor sie sich löste. Zu ihrer beider Entsetzen war mit der Tasche eine menschliche Hand zum Vorschein gekommen. Ihnen sei fast das Herz stehen geblieben. Ihr Mann hatte sie beruhigt und danach die Polizei angerufen.

Während ein Polizist die Aussagen des Ehepaares aufnahm, wobei der Ehemann die Aussagen seiner Frau in jedem Punkt bestätigte, hatte der andere Streifenbeamte die Mulde näher in Augenschein genommen. Sie sah aus, wie die Frau sie beschrieben hatte; allerdings hatte der Beamte den Eindruck, dass die Zweige nicht auf natürlichem Weg in die Mulde gelangt waren, sondern hineingeworfen worden waren. Er meldete seinem Revierleiter den Fund und begann dann, die Fundstelle weiträumig mit Signalband abzusperren. Abschließend sah er sich in der weiteren Umgebung um. Dabei entdeckte er nichts Ungewöhnliches. Alles sah so aus, wie man es in einem Wald mit lichtem Unterholz und vereinzelten Buschgruppen erwarten konnte.

Es dauerte über eine Stunde, bevor Kriminalbeamte, der Staatsanwalt, Experten der Spurensicherung und der Rechtsmediziner eintrafen. Die Eheleute mussten ihre Geschichte noch einmal erzählen, bevor sie dann entlassen wurden. Zuvor waren sie aufgefordert worden, am nächsten Morgen bei der Polizei von Sonneberg das Protokoll zu unterschreiben. Außerdem sollten sie sich für weitere Fragen zur Verfügung halten.

Bevor die Beamten den Fundort betraten, wurde festgelegt, welchen Weg sie beim Betreten und Verlassen nehmen mussten, damit keine Spuren verwischt wurden. Ärgerlich war, dass das Ehepaar, bei dem Versuch die Tasche zu bergen, überall herumgetrampelt war und dabei höchstwahrscheinlich wertvolle Anhaltspunkte, die auf den oder die Täter hinweisen konnten, unkenntlich gemacht hatten. Doch die Beamten hatten Glück: Eine Schleifspur führte von der Mulde zur Straße. Obwohl die Spur schon mehrere Tage alt war, konnte man deutlich erkennen, dass hier ein schwerer, sackartiger Gegenstand entlanggezogen worden war. Es war anzunehmen, dass diese Spur von der Leiche stammte, denn zwei parallele Rillen, die etwa in der Mitte der Spur verliefen, waren wahrscheinlich durch die Schuhe der Frau entstanden. Die Spur am Straßenrand führte etwa 5 Meter hinter den Platz, an dem das Ehepaar gehalten hatte. Dieser gesamte Bereich wurde nun ebenfalls in das abgesperrte Gebiet einbezogen.

Auf dem Kies des Seitenstreifens waren undeutlich Abdrücke von zwei Reifen zu erkennen. Sie wurden fotografiert und anschließend mit Gips ausgegossen. Am rückwärtigen Ende, in Fahrtrichtung gesehen, befanden sich mehrere Fußabdrücke von Männer- und Frauenschuhen. Die meisten waren durch Übertrampeln nahezu unkenntlich. Drei Abdrücke waren jedoch so weit erkennbar, dass Fotos und Gipsabdrücke genommen werden konnten. In der zertretenen Fläche konnte auch der Abdruck eines großen Gegenstandes ausgemacht werden. Er sah aus, als hätte die Leiche hier in gekrümmtem Zustand gelegen. Bei einer genaueren Untersuchung dieser Fläche durch die Beamten der Spurensicherung wurden braun gefärbte Kieselsteine und Sandstellen, wahrscheinlich handelte es sich bei der Färbung um Blut, sichergestellt. Außerdem wurden verschiedene Stofffasern gefunden. Ähnliches stellte man innerhalb der Schleifspur sicher, die zur Mulde hinführte, und in der Mulde selbst.

5 Meter vor der vorderen Reifenspur entdeckten die Beamten erbrochene Speisereste und zwei weitere Fußabdrücke. Nach einer ersten Untersuchung stimmten sie mit den Abdrücken überein, die die Spurensicherung in dem Spurenwirrwarr bei den Reifenabdrücken als ganze Abdrücke gefunden hatte.

Der Rechtsmediziner hatte inzwischen die Leiche freigelegt. Was die Beamten sahen, war ein weiblicher Körper, an dessen Oberkörper die Kleidung nach oben gerutscht oder gezogen war. Der Unterkörper war mit einer Jeans, Perlonstrümpfen oder einer Strumpfhose und flachen Laufschuhen bekleidet. Bei Schuhe waren von den Fersen gezogen und hingen nur noch an den

Zehen und am Spann. Die Oberbekleidung, Sweatshirt, Unterhemd und Büstenhalter, waren zwischen Brust und Kinn zusammengeschoben. Die Frau lag leicht zur linken Seite geneigt auf dem Rücken. Beide Arme befanden sich am Körper, die Handflächen zeigten nach oben. Der Kopf war weit nach hinten geneigt. Das schulterlange glatte Haar war verfilzt und lag stramm unter dem Kopf und dem Nacken. In den Haaren hatten sich Laub, Nadeln, Zweige und Waldboden verfangen. Brust und Kopf waren blutverschmiert. Die Totenstarre hatte sich im Wesentlichen aufgelöst, was bedeutete, dass die Leiche bereits seit zwei Tagen hier liegen musste. Auf dem nackten Oberkörper waren acht Wunden zu sehen, die von einem scharfen Gegenstand verursacht worden waren. Zwei dieser Wunden befanden sich über dem Herzen. Der Kopf war eine unförmige Masse. Das Gesicht war eingedrückt. Die Zähne im Oberkiefer fehlten bis auf zwei Backenzähne. Im Unterkiefer fehlten die Schneidezähne und die beiden Eckzähne. Die Schädeldecke und die linke Schläfe waren eingedrückt, letztere wies außerdem eine lange Wunde auf. Der Knochen war fast über die ganze Länge der Wunde zu sehen. Auch an den Wangen, über den Augenbrauen und auf der Stirn befanden sich Schnittwunden. Die längste, quer über die Stirn verlaufende war 4,5 Zentimeter lang. Der Hals war über dem Kehlkopf von Ohr zu Ohr eingeschnitten. Der Schnitt hatte jedoch die Halsschlagader nicht verletzt. Auf dem Kopf gab es drei in Längsrichtung und zwei in Querrichtung verlaufende Platzwunden. An beiden Oberarmen waren ausgeprägte Druckstellen entstanden. Die Rückseiten der Arme sowie der Rücken wiesen in Längsrichtung verlaufende Schürfwunden auf. Auf dem Rücken der Leiche hatten sich Leichenflecken gebildet. Sie waren nicht mehr wegzudrücken. Auch das sprach dafür, dass die Leiche schon etliche Stunden hier liegen musste.

Nach erster Beurteilung der Verletzungen kam der Rechtsmediziner zu dem Schluss, dass die Frau vor etwa 48 Stunden getötet worden und der Tod durch innere Blutungen eingetreten war.

Während der Rechtsmediziner Dr. Spangenberg zusammen mit seinem Assistenten Dr. Nieholz im Autopsiesaal der Rechtsmedizin mit der Obduktion der Leiche begann, liefen in der Abteilung für Schwerkriminalität die Ermittlungen nach dem Täter beziehungsweise den Tätern an. Leiter der Abteilung war Kriminalhauptkommissar Fransen, ein im Dienst ergrauter und mit allen kriminalistischen Wassern gewaschener Beamter. Nach Sichtung der Spuren am Tatort und den vorläufigen Befunde des Pathologen kristallisierte sich folgendes Bild heraus: Vor zwei Tagen hatte am Seitenstreifen der Straße von Steinach nach Steinfeld in Fahrtrichtung Steinfeld ein Personenwagen gehalten. Ein, wahrscheinlich zwei, vielleicht auch mehrere Männer und eine etwa 50-jährige Frau waren ausgestiegen. In Höhe des Kofferraumes, an der rechten Seite des Wagens, war auf die Frau eingeschlagen und eingestochen worden. Danach war die Frau an ihren Händen zu der Mulde gezogen und mit Laub und Reisig abgedeckt worden. Einem der Täter musste dabei übel geworden sein, denn er hatte sich übergeben. Da bei der Leiche zwar eine Handtasche gefunden worden war, sich darin aber – außer Toilettenartikeln, 52 Euro und einer angebrochenen Packung Papiertaschentücher – keine Papiere befanden, konnte die Tote zunächst nicht identifiziert werden. Kriminalhauptkommissar Fransen gab deshalb einem Beamten Anweisung, im Polizeinetz nach Frauen im Alter von etwa 50 Jahren zu suchen, die in den letzten drei bis vier Tagen als vermisst gemeldet worden waren. Der Beamte wurde schnell fündig. In Saalfeld, knapp 20 Kilometer vom Fundort der Leiche entfernt, hatte ein Mann eine Frau, deren Beschreibung mit der Toten übereinstimmte, als vermisst gemeldet.

Der Beamte fuhr nach Saalfeld, um mehr Informationen über die Frau zu erhalten. Heinz Mahlmann erzählte, dass er bis vor vier Jahren mit der Toten, Angelika Mahlmann, verheiratet gewesen war. Wegen eines Liebesverhältnisses, das er gehabt hatte, hatte sie sich scheiden lassen. Trotzdem hatten sie sich gut verstanden, und da er mit seiner Freundin längst Schluss gemacht hatte, hatten sie wieder heiraten wollen. Vor einer Woche hatte Angelika ihm gesagt, dass sie Angst habe und um ihr Leben fürchte. Als er sie dann zu einem Treffen, bei dem sie die Einzelheiten ihrer erneuten Verbindung hatten besprechen wollen, nicht erschienen war und er sie über Telefon und auch zu Hause nicht erreichen konnte, war er zur Polizei gegangen und hatte sie als vermisst gemeldet. Angelika, so sagte er aus, hatte nach der Scheidung mit den Männern kein »gutes Händchen« gehabt. Wolfgang Birnbach, ihren jetzigen Lebensgefährten, hatte sie über eine Partneragentur im Internet kennengelernt. Er war so alt wie sie, aber wie Angelika ihm, Heinz Mahlmann, mitgeteilt hatte, Alkoholiker. Sie hatte sich deshalb von ihm trennen wollen, was für den Mann schlecht gewesen wäre, denn Angelika kam finanziell für den gesamten Haushalt auf. Sie hatte in der Süddeutschen Klassenlotterie gewonnen und damit – neben dem Unterhalt, den sie von ihm, ihrem geschiedenen Ehemann, bekam – über ausreichend Geld verfügt. Einen besonders negativen Einfluss auf ihren Lebensgefährten hatte ein Freund von diesem gehabt. Wenn die beiden Männer zusammen gewesen waren, war das immer in ein Besäufnis ausgeartet. In diesem Zustand hatte Wolfgang Birnbach zu Gewalttätigkeiten geneigt. Der Name des Freundes war Ernst Weise. Er wohnte, wie ihm Angelika erzählt hatte, in einer Wohnung in der Nähe des Bahnhofes.

Der Kripobeamte meldete die Ergebnisse der Befragung seinem Chef. Dieser wies ihn an, Wolfgang Birnbach und Ernst Weise zur Vernehmung ins Polizeipräsidium zu bringen. Mit Unterstützung der uniformierten Polizei wurden beide Männer in einer Kneipe in der Innenstadt aufgespürt und, als sie sich weigerten, die Beamten freiwillig zum Revier zu begleiten, festgenommen. Birnbach, der unter Alkoholeinfluss stand, wurde dabei handgreiflich und musste von zwei Polizisten überwältigt werden. In getrennten Autos wurden sie zur Vernehmung gefahren. Hier verstrickte sich der angetrunkene Wolfgang Birnbach bei der Aufforderung, für die Tatzeit ein Alibi zu erbringen, in Widersprüche. Auch der einfältig wirkende Ernst Weise konnte kein glaubhaftes Alibi erbringen.

Kriminalhauptkommissar Fransen beantragte daraufhin Hausdurchsuchungsbefehl für die Wohnungen von Birnbach und Fransen. Bei beiden Männern wurden eine Jeans, ein Sweatshirt und Halbschuhe sowie bei Birnbach noch eine Windjacke und ein Klappmesser mit einer 12 Zentimeter langen Schneide sichergestellt – auf allem waren dunkle Flecken erkennbar. Birnbach hatte sich noch nicht einmal die Mühe gemacht, das Messer abzuwaschen. An den Schuhen und Kleidungsstücken befanden sich außerdem Waldboden- und Laubpartikel. Auf dem Kofferraumdeckel und am rechten hinteren Kotflügel von Birnbachs Auto gab es ebenfalls blutähnliche Flecken. Die labortechnische Untersuchung ergab, dass es sich hierbei tatsächlich um Blut handelte, das von der Toten stammte. Die Waldboden- und die Laubpartikel stammten vom Tatort. Mit diesen Fakten konfrontiert, legten die beiden Männer ein Geständnis ab.

Wolfgang Birnbach sagte aus, dass er sich schon seit Langem über seine Lebensgefährtin geärgert hatte, weil sie so knauserig mit dem Geld umgegangen war und ihm den Kontakt zu seinem Freund verboten hatte. Sein Freund hatte ihm geraten, das Geld an sich zu bringen und »die Alte aus dem Weg zu schaffen«. Von ihm war auch die Idee gekommen, Angelika in den Wald zu locken, wo er mit einem geliehenen Wagen stehen und eine Panne vortäuschen würde. Er, Wolfgang, hatte Angelika unter einem Vorwand dazu bringen sollen, den Kofferraum zu öffnen, und sie dabei mit einem Knüppel bewusstlos schlagen sollen. Ernst Weise hatte dann vor, mit einem Schraubenschlüssel für den Wagenheber so lange auf die Frau einzuschlagen, bis sie tot war. Sie hatten ihren Plan dann auch genau so in die Tat umgesetzt. Angelika hatte noch geröchelt, auch als sie schon auf dem Boden lag. Daraufhin hatte Ernst Weise ihn nach seinem Messer gefragt. Er hatte gewusst, dass er es immer bei sich trug, und hatte erst Angelika den Hals durchschnitten und dann auf sie eingestochen. Dabei hatte Ernst ihr zuerst zweimal ins Herz gestochen. Dann hatte er ihm, Wolfgang Birnbach, das Messer in die Hand gedrückt und ihn aufgefordert, ebenfalls auf seine Lebensgefährtin einzustechen. Ernst Weise hatte damit sicherstellen wollen, dass auch er, Wolfgang, an der Tat beteiligt gewesen war. Da er gesehen hatte, dass Angelika bereits tot war, habe er eingewilligt und auch noch ein paar Mal auf den toten Körper eingestochen. Dann hatten sie sie in die Mulde gezogen und mit Laub und Reisig abgedeckt.

Die Frage, was aus dem Knüppel geworden sei, mit dem er Angelika Mahlmann auf den Kopf geschlagen habe, beantwortete Wolfgang Birnbach dahingehend, dass er in weggeworfen habe. Wo, daran könne er sich nicht mehr erinnern.

Ernst Weises Vernehmung war mühseliger. Die Beamten mussten jedes Wort aus ihm herauslocken. Er war nicht dazu fähig, Gedanken in ganzen Sätzen zu formulieren. Zusammengefasst machte er folgende Aussage: Wolfgang Birnbach hatte ihn gefragt, ob er ihm helfen würde, seine Lebensgefährtin zu beseitigen. Töten wollte er sie selbst, er, Ernst Weise, hätte sie nur mit einem Knüppel »betäuben« sollen. Dafür hätte er 1000 Euro bekommen. Da er gewusst hatte, wie sehr Wolfgang unter seiner Frau litt, und er ja auch sein Freund war, hatte er zugesagt. An dem festgelegten Tag war er mit einem Leihwagen morgens zu der verabredeten Stelle gefahren und hatte eine Panne vorgetäuscht. Wolfgang hatte angehalten und Angelika, wie abgesprochen, gebeten, im Kofferraum nach seinem Werkzeugkoffer zu sehen. Als sie sich über den Kofferraum gebeugt hatte, war er zu ihr gelaufen und hatte ihr mit einem Knüppel, den er sich während der Wartezeit im Wald besorgt hatte, schnell zweimal auf den Kopf geschlagen. Aber anstatt umzufallen, hatte Angelika sich aufgerichtet, wie wild geschrien und Anstalten gemacht wegzulaufen. Daraufhin hatte Wolfgang sie am Arm gepackt und, als sie nicht aufhörte zu schreien, nach dem Wagenheberschlüssel gegriffen und auf sie eingeschlagen. Mehrmals auf den

Kopf, ins Gesicht und an die Schläfe. Erst nach dem dritten Schlag war sie zu Boden gefallen. Als sie auf dem Boden gelegen hatte und noch immer nicht tot war – sie hatte noch geröchelt – hatte Wolfgang Birnbach sein Messer gezogen und auf Angelika eingestochen. Anschließend hatte er ihr Gesicht zertrümmert, damit man sie nicht erkennen konnte. Die Zähne hatte er aus dem gleichen Grund entfernt. Er, Ernst, habe ihm nicht dabei geholfen. Ihm sei so schlecht geworden, dass er sich hatte übergeben müssen. Wolfgang hatte Angelikas Körper daraufhin an den Händen gepackt und zur Mulde geschleift. Beim Hineinziehen und Abdecken hatte er, Ernst, ihm dann wieder geholfen. Und die 1000 Euro hatte er bis jetzt auch noch nicht bekommen. Den Knüppel hatte er in den Wald geworfen. Zwei Beamte wurden beauftragt, gemeinsam mit Ernst Weise danach zu suchen. Sie fanden ihn an der angegebenen Stelle.

In den folgenden Vernehmungen blieben beide bei ihren Aussagen. Kriminalhauptkommissar Fransen war davon überzeugt, dass ihnen dazu von ihren Verteidigern geraten worden war. Für den Kriminalhauptkommissar stellten die Aussagen ein Problem dar. Er hatte zwar zwei Geständnisse und zwei mögliche Täter, doch er konnte keinen von ihnen als Mörder überführen, da sie sich gegenseitig der Tat bezichtigten. Seine einzige Hoffnung, aus diesem Dilemma herauszukommen, war Dr. Spangenberg und sein Team.

Der Arzt wusste nichts von der Zwickmühle, in der der Kriminalhauptkommissar steckte, und selbst wenn er es gewusst hätte, hätte es ihn nur am Rande interessiert. Seine Arbeit diente nicht dazu, die Nachforschungen der Polizei oder der Staatsanwaltschaft zu erleichtern oder mit Fakten zu untermauern. Er hatte nur die Aufgabe, die Wahrheit zu finden – zu ermitteln, was tatsächlich geschehen war: wie genau die Tat abgelaufen war und durch welche Handlung das Opfer gestorben war. Bei dem Zustand, in dem sich die Leiche befand, war das eine Aufgabe, die einem Kreuzworträtsel gleichkam, bei dem es galt, das richtige Lösungswort zu finden.

Nachdem alle vorbereitenden Maßnahmen, wie Entkleiden der Leiche, Sammeln aller Fremdstoffe und Reinigen der Leiche, abgeschlossen waren, begann Dr. Spangenberg systematisch, die Vielzahl der Wunden zu untersuchen. Dabei fand er im Haarbereich am Hinterkopf zwei Platzwunden, die durch einen hölzernen, runden Gegenstand verursacht worden waren. Er stellte die Holzpartikel, die er in der Wunde fand, sicher. Die beiden Schläge waren mit großer Wucht geführt worden, wie er aus den Gewebequetschungen entnehmen konnte. Sie waren aber nicht stark genug gewesen, um die Schädeldecke zu zertrümmern. Die Frau war nicht an diesen Wunden gestorben. Die Lage der Wunden und der Aufschlagwinkel deuteten auf eine Person hin, die gleich groß oder nur wenig größer war als das Opfer, also zwischen 1,70 und 1,75 Meter.

Die nächsten drei Schläge auf den Haarbereich des Kopfes hatten die Schädeldecke scherbenförmig zertrümmert und das darunterliegende Gehirn so verletzt, dass die obere Schicht eine breiige, blutige Masse bildete. Die Frau musste schon durch den ersten dieser Schläge getötet worden sein. Die weiteren Wunden im Gesicht und an den Schläfen waren weniger stark ausgeblutet – ein Zeichen dafür, dass die Frau zu dieser Zeit bereits tot war oder gerade im Sterben begriffen war. Die Schläge hatten die Schläfen eingedrückt, Nase und Augenpartie trümmerartig zerdrückt und Ober- und Unterkiefer so verletzt, dass sie in sieben Stücke gespalten waren. Der vordere Teil des Oberkiefers war bis zum Gaumen zurückgedrückt worden. Im Oberkiefer fehlten acht, im Unterkiefer vier Zähne. Alle Schläge waren mit demselben Instrument und mit großer Wucht ausgeführt worden. Der tödliche Schlag auf den Kopf musste von seiner Lage und dem Auftreffwinkel her von einer sehr kräftigen, mindestens 1,85 Meter großen Person ausgeführt worden sein. Als Tatwaffe kam ein eiserner Gegenstand mit einem Durchmesser von mindestens 10 bis 15 Zentimetern in Frage. Der Gegenstand hatte in allen Wunden Rostspuren hinterlassen.

Die Stichwunden waren ebenfalls alle mit großer Wucht ausgeführt worden. Als Tatwaffe kam ein messerartiges Gerät mit langer, einseitig geschliffener, scharfer Schneide in Frage. Als auf die Frau eingestochen worden war, war sie bereits tot, worauf die schwach durchbluteten Wundränder hindeuteten. Der Befund wurde bestätigt, als der Rumpf der Leiche geöffnet worden war. Es wurden im Bauchraum nur 300 Milliliter Blut gefunden und das, obwohl die Nieren, die Leber und die rechte Herzkammer Einstiche aufwiesen. Wären diese Wunden einer noch lebenden Person zugefügt worden, dann hätte sich im Bauchraum eine wesentlich größere Menge Blut befunden. Weiter fand Dr. Spangenberg ein krebsartiges Geschwür am Zwölffingerdarm und Metastasen an der linken Niere und der Leber. Nach Ausprägung der Geschwüre hatte der Mord das Leben der Frau nur um etwa ein Jahr verkürzt.

Die Gerichtsverhandlung fand ein halbes Jahr später statt. Beide Angeklagten beharrten auf ihren Aussagen, die sie bei den Vernehmungen durch die Polizei bereits gemacht hatten. Danach beschuldigte jeder den anderen, den oder die tödlichen Schläge und damit den eigentlichen Mord begangen zu haben. Die Verhandlung kam nicht recht von der Stelle, bis der Rechtsmediziner Dr. Spangenberg als Sachverständiger aussagte. Anhand von Bildern und einer menschlichen Puppe in der Größe der toten Frau demonstrierte er, dass die Aussage des Angeklagten Ernst Weise den Tatsachen entsprach. Der tödliche Schlag musste von Wolfgang Birnbach ausgeführt worden sein, da er die Größe von 1,87 Meter besaß, während Ernst Weise nicht ganz 1,75 Meter groß war.

Das Gericht schloss sich den Ausführungen des Rechtsmediziners an und verurteilte Wolfgang Birnbach wegen Mordes in einem besonders schweren Fall zu lebenslanger Haft. Ernst Weise bekam eine geringere Haftstrafe. Ihm wurden mildernde Umstände zugute gehalten. Der Verteidiger von Wolfgang Birnbach ging in Berufung, musste jedoch erleben, dass das Urteil in nächster Instanz bestätigt wurde.

KAPITEL 4

TOD DURCH ERHÄNGEN, ERWÜRGEN, ERSTICKEN – SELBSTMORD ODER MORD?

Fragen, die nur die Rechtsmedizin beantworten kann

Das Rätsel um die Tote im Wald

Es hätte ein Tag wie jeder andere sein können, doch seit heute, 11 Uhr 45, hatte sich die Welt der 38-jährigen Lisa Bredow grundlegend geändert. Der letzte Halt, für den es sich zu leben lohnte, war ihr vom Gericht genommen worden. Zu diesem Zeitpunkt hatte der Richter ihr das Sorgerecht für Doris, ihre achtjährige Tochter, entzogen und ihrem Exmann übertragen. Der Grund für diese Entscheidung war das Wohl des Mädchens, so der Richter. Es sollte in geordneten Verhältnissen aufwachsen und die gleichen Chancen haben, wie andere Mädchen ihres Alters. Bei ihr sei dies nicht gegeben. Ihre persönlichen und finanziellen Verhältnisse seien nicht so, dass sie ihrer Tochter Geborgenheit geben konnte. Und wenn sie nachgedacht hätte, dann hätte sie dem Richter zustimmen müssen, denn sie war arbeitslos, lebte von Arbeitslosengeld II, hatte wechselnde Lebenspartner und keine Wohnung mehr, da ihr der Vermieter gekündigt hatte, weil sie die Miete mehrere Monate lang nicht bezahlt hatte. Bei dem Vater des Mädchens sah es gänzlich anders aus: Abgesehen davon, dass er seine Tochter liebte, war er verheiratet, arbeitete in dem gut gehenden Geschäft seiner Frau und hatte ein Haus mit allem Komfort. Seine Frau mochte Doris und hatte seine Absicht, sie zu sich zu holen, unterstützt. Doris selbst hatte zu der Frau ihres Vaters ein gutes Verhältnis. Sie kannte sie gut, weil sie immer, wenn ihr Vater das Besuchsrecht hatte, bei den beiden im Hause war.

Im Grunde wusste Lisa Bredow, dass Doris es bei ihrem Vater – zumindest materiell – besser haben würde, doch sie brauchte ihre Tochter. Sie war ihr Halt. Sie versorgen zu müssen, egal wie schwer es ihr fiel, gab ihrem Leben einen Sinn. In den Momenten, in denen sie ehrlich zu sich war, wusste sie, dass die Misere, in der sie sich befand, ihr eigenes Verschulden war. Sie hatte ihre Ehe für eine Liebschaft aufs Spiel gesetzt – eine Liebschaft, die nach der Trennung von ihren Mann nicht lange gehalten hatte. Als klar wurde, dass sie, abgesehen von dem Kindergeld, kaum Unterhalt bekam, hatte sich ihr Freund schnell von ihr getrennt. Sie hatte Trost im Alkohol gesucht und gefunden und sich mit Gelegenheitsbekanntschaften betäubt. Von ihrem früheren Bekanntenkreis hatten sich bis auf eine Freundin alle von ihr abgewandt. Teilweise wollte sie es auch nicht anders, denn sie hatte geplant, ein vollkommen neues Leben zu beginnen. Doch sie war in allem gescheitert: im Beruf, in der Ehe, in der Partnerschaft.

Lisa betrat ihre kleine Drei-Zimmer-Wohnung, packte ein paar Sachen in eine Reisetasche und verließ sie wenig später wieder. Am Kiosk gegenüber trank sie ein Mineralwasser und kaufte eine Packung Zigaretten, dann ging sie in Richtung Bahnhofsviertel davon. Die Besitzerin des Kiosks war die Letzte gewesen, die sie gesehen hatte.

Noch am Abend desselben Tages wollte Lisa Bredows einzige Freundin, Marlies Warnke, Lisa in ihrer Wohnung besuchen. Die Tür stand einen Spalt offen, so als wäre Lisa Bredow nur eben in den Keller gegangen. Marlies Warnke betrat die Wohnung. Sie befand sich, wie immer, in einem unaufgeräumten Zustand. Das Bett war nicht gemacht, in der Küche stand schmutziges Geschirr mit Speiseresten auf der Anrichte, im Waschbecken lagen zwei Teller und zwei Tassen und in der Stube standen eine fast ausgetrunkene Flasche Rotwein und ein benutztes Glas auf dem Tisch. Am nächsten Tag schaute Marlies Warnke erneut bei Lisa Bredow vorbei. Ihre Freundin war wieder nicht zu Hause und in der Wohnung sah es unverändert aus. Das Gleiche wiederholte sich an den beiden darauffolgenden Tagen. Dann wurde Marlies Warnke die Sache unheimlich und sie ging zur Polizei.

Die Beamten konnten mit Marlies Warnkes Geschichte wenig anfangen. Trotzdem suchten sie die Wohnung auf und sprachen mit den Nachbarn. Dabei erfuhren sie von Lisa Bredows Lebenswandel und ihren persönlichen Verhältnissen. Als sie von der Kiosk-Besitzerin hörten, dass sie die Vermisste mit einer Reisetasche in der Hand in Richtung Bahnhofsviertel hatte gehen sehen, stellten sie die Ermittlungen ein. Für sie war der Fall klar: Lisa Bredow war verreist und hatte einfach vergessen, die Tür zu schließen.

Einen Monat nach dem Verschwinden von Lisa Bredow erstattete der Hausbesitzer, von dem diese die Wohnung gemietet hatte, Anzeige bei der Polizei: Lisa Bredow hätte die Wohnung verlassen, ohne ihre Miete zu zahlen, und die Wohnung war zum gekündigten Termin weder leer geräumt noch gereinigt.

Die Polizei begann nun mit der Suche nach Lisa Bredow. Ihre Ermittlungen ergaben Folgendes: Beim Einwohnermeldeamt hatte sie sich nicht abgemeldet. Bei der Post war kein Nachsendeauftrag und auch kein Antrag auf Postlagerung gestellt worden. Ein Postfach hatte sie ebenfalls nicht gemietet. Bei der Bank, bei der ihre Unterhaltszahlungen und das Kindergeld eingingen, war das Konto nicht gekündigt worden. Seit einem Monat hatte es keine Bewegungen mehr auf dem Konto gegeben.

Nach Aussage ihres geschiedenen Mannes, ihrer Freundin

Marlies Warnke, der Kiosk-Besitzerin, der Nachbarn und dem, was Doris' Klassenlehrerin berichtete, hatte die Polizei das eingangs beschriebene Bild der Lebensumstände von Lisa Bredow erstellt.

Der geschiedene Mann und die Freundin sagten zudem übereinstimmend aus, dass Lisa Bredow in den letzten drei Monaten besonders depressiv gewesen sei. Sie habe vollkommen den Boden unter den Füßen verloren und keine Zukunftsperspektive mehr gesehen. Nachforschungen bei ihren Eltern und Verwandten ergaben, dass man sie seit über einem halben Jahr nicht mehr gesehen hatte. Die Mutter hatte vor gut einem Monat das letzte Mal mit ihrer Tochter gesprochen. Da sie sich am Telefon nicht anders verhalten hatte wie sonst auch, gab es für die Mutter keinen Grund, sich mehr Sorgen zu machen, als sie es sowieso schon tat.

Im Beisein von Marlies Warnke durchsuchte die Polizei die Wohnung, um herauszufinden, was Lisa Bredow in der Reisetasche mitgenommen haben könnte. Soweit ihre Freundin das sagen konnte, fehlten in der Wohnung Wasch- und Duschsachen sowie persönliche Toilettenartikel, ferner ein Nachthemd, Unterwäsche, zwei Blusen, eine Jeans und ein Blazer. Damit schien die Überlegung, Lisa Bredow habe sich das Leben genommen, absurd: Wenn jemand einen solchen Entschluss fassen sollt, würde er keine Sachen für eine Reise mitnehmen. Die Frage, die die Polizei beschäftigte, war: Wo war Lisa Bredow hingefahren? Nach Auskunft aller Bekannten, Verwandten und der Bank hatte sie kein Geld und von ihrem Konto hatte sie weder kurz vor noch nach ihrer Abreise etwas abgehoben. Der größte Betrag, der abgehoben worden war, betrug 80 Euro, und das war etwa drei Wochen vor ihrem Verschwinden geschehen.

Nachforschungen bei der Bahn, in Reisebüros und bei Busunternehmen brachten die Polizei nicht weiter. Niemand konnte sich an sie erinnern. Es blieb nur die Möglichkeit, dass sie per Anhalter weggefahren war oder sich immer noch in der Stadt aufhielt. Um Personen zu finden, denen Lisa Bredow begegnet war, entschloss sich die Polizei, über Rundfunk und Fernsehen nach ihr zu fahnden.

In der Zwischenzeit war es den Beamten gelungen, ihren letzten Freund ausfindig zu machen. Es war ein Mann, Mitte 30, kräftig gebaut, arbeitslos, der in einer kleinen Zwei-Zimmer-Wohnung in der Bahnhofstraße lebte. Nach eigenen Aussagen hatte er Lisa zwei Tage vor ihrem Verschwinden das letzte Mal gesehen. Damals sei er in ihrer Wohnung gewesen. Da sie, wie er es nannte, einen »ihrer Anfälle bekam«, sei er nach nur einer Stunde wieder gegangen. Er meinte hiermit ihre depressiven Stimmungen, wie die Beamten nach einigem Nachfragen herausfanden. Der Aufruf im Rundfunk und in der Presse brachte knapp 100 Hinweise. Diesen nachzugehen war äußerst zeit- und kraftaufwendig. Es ergab sich daraus jedoch leider keine konkrete Spur.

Zwei Monate später erhielten die Beamten von einer Frau den Hinweis, dass es in einer Forsthütte entsetzlich stinke. Sie war beim Pilzesammeln in die Nähe der Hütte gekommen und habe dort den Geruch bemerkt. Sie hatte angenommen, dass vielleicht ein Hund darin eingesperrt gewesen war, der, weil er nicht hinauskonnte, dort verendet war und nun verwesen würde. Sie hatte versucht nachzusehen, doch die Tür und das einzige Fenster waren verschlossen gewesen. Sie hatte ein paar Tage lang überlegt, ob sie sich nicht lächerlich machen würde, wenn sie so etwas der Polizei meldete. Dann hatte sie sich an die vermisste Frau erinnert und es für ihre Pflicht gehalten, ihre Beobachtung der Polizei zu melden.

Ein Streifenwagen fuhr zusammen mit der Zeugin zu dem Waldstück. Die Beamten mussten ihren Wagen am Waldrand stehen lassen und der Frau zu Fuß folgen. Außer einem Trampelpfad, der zu schmal für das Auto war, gab es keinen Weg in den Wald. Die Hütte lag etwa zehn Minuten zu Fuß im südlichen Teil des Forstes. Da die Hütte im Staatsforst lag, informierte einer der Polizisten den Revierförster. Von ihm erfuhren sie, dass die Hütte normalerweise offen stehe und während der Monate, in denen im Wald gearbeitet werde, den Arbeitern als Unterstand und Lagerraum diene. Er versprach jedoch, sofort mit dem nötigen Werkzeug zu kommen, um im Bedarfsfall die Tür zu öffnen.

Die Hütte war ein aus groben Stämmen und Brettern gefertigtes Gebäude von etwa 4 mal 5 Metern Grundfläche. Um keine Spuren zu verwischen, ließen sie die Frau gut 30 Meter von der Hütte entfernt zurück. Hier war noch kein unangenehm süßlicher Verwesungsgeruch wahrzunehmen. Die Polizisten näherten sich hintereinander gehend der Hütte von der Rückseite, da hier die geringste Wahrscheinlichkeit bestand, dass sie versehentlich Spuren beseitigten. Vorsichtig gingen sie um die Hütte herum. Die Tür und das Fenster waren, wie die Frau ausgesagt hatte, verschlossen. Durch einen Spalt im Holz konnte man zwar in die Hütte hineinsehen, doch in der Dunkelheit, die drinnen herrschte, konnte man nichts erkennen.

Der Förster kam eine halbe Stunde nach den Beamten mit einem Geländewagen. Er wusste, wie er sich einen Fußmarsch ersparen konnte. Die Polizisten wiesen ihn an, ihren Fußstapfen zu folgen und die Tür zu öffnen, ohne mögliche Spuren zu verwischen. Sie hatten Glück: ein alter, vorsintflutlicher Schlüssel öffnete die Tür. Der Förster wurde nun angewiesen, bei der Frau zu warten, während einer der Beamten die Hütte betrat. Was er sah, ließ ihn würgen. Mitten im Raum hing die Leiche einer halb verwesten Frau. Der Strick war in einer Schlaufe um ihren Hals gelegt und mit dem anderen Ende am Firstbalken festgebunden. Zu ihren Füßen lag ein umgekippter, grob gezimmerter Holzschemel.

Der Beamte verließ die Hütte und ging auf demselben Weg, auf dem er gekommen war, zu seinem Kollegen zurück. Über Funk meldeten sie ihrem Revier die Fundstelle. Dieses wiederum benachrichtigte die für diesen Bezirk zuständige Kriminalpolizei und die Staatsanwaltschaft. Der Förster wurde beauftragt, die Untersuchungskommission an der Straße zu empfangen und auf dem Weg, den er schon vorher genommen hatte, zum Tatort zu geleiten.

Zwei Stunden dauerte es, bevor die verschiedenen Teams eintrafen. Nachdem der Fotograf die ersten Bilder von dem Äußeren und dem Inneren der Hütte sowie von der Leiche gemacht hatte, ging die Rechtsmedizinerin Dr. Luise Hartmann an die Arbeit. Auf den ersten Blick sah alles nach einem klassischen Selbstmord aus. Durch die Vorgeschichte der Frau, die den Ermittlungsbeamten natürlich bekannt war, gingen die Anwesenden davon aus. Die Einzige, die die vorausgegangene Geschichte nicht kannte, war die Pathologin. Bevor sie erste Untersuchungen an der Leiche selbst vornahm, betrachtete sie den Tatort genau und sprach alles Wesentliche auf ihr Diktiergerät: Der Raum war schon seit längerer Zeit nicht mehr bewohnt worden. Staub lag auf den wenigen Möbeln. Im Gegensatz dazu war der Boden zwischendurch einmal ausgefegt worden, denn die Staubschichten auf den Möbeln und auf dem Boden waren, das konnte man selbst mit bloßem Auge erkennen, unterschiedlich dick. Das Mobiliar bestand aus einer ausrangierten Kücheneckbank, einem alten Küchentisch und einem Regal. Ein mit Kohle oder Holz beheizbarer Küchenherd befand sich gegenüber der Sitzgruppe. Das Ofenrohr führte zum Dach hinaus. Auf der Sitzbank stand eine blaue Reisetasche. Die Tasche war verschlossen. Auf dem Boden unter der Leiche hatte sich ein großer dunkler Fleck gebildet, wahrscheinlich durch die von der Leiche herabtropfende Körperflüssigkeit verursacht. Auf dem Fleck befanden sich vertrocknete Hülsen von Maden.

Der tote Körper hing an einem Seil aus Kunstfasern. Es war über den Kopf gezogen worden und hatte sich unterhalb der Kinnpartie zugezogen. Die Schlaufe war durch einen Knoten gezogen, der in Seglerkreisen als »Palstek« bezeichnet wird. Auch der Knoten, mit dem das Seil am Firstbalken befestigt war, war ein Seglerknoten, ein sogenannter »Mastwurf«, dessen freies Ende mit einem »Acht-Knoten« gesichert war. Bekleidet war die Leiche mit einer rosafarbenen Bluse mit breiten, weißen Streifen; einer Strickjacke in blauer Farbe und einer Jeans. Strümpfe trug sie nicht.

Nachdem Dr. Hartmann das Äußere der Leiche von allen Seiten genau betrachtet hatte und jedes Detail durch ein Foto dokumentiert war, nahmen zwei Beamte die Leiche nach Anweisung der Rechtsmedizinerin ab. Sie wurde vorsichtig auf einen Leichensack gelegt.

Die Leiche war größtenteils skelettiert. Am Kopf lagen zum Teil Schädel und Gesichtsknochen frei. An den Augen, auf der Stirn und am Kinn gab es Hautreste. Der Kopf war noch mit Haaren bedeckt. Der Hals war bis auf die Speiseröhre und die Schlagader vom Gewebe befreit. Die Halswirbelsäule lag ebenfalls frei. Sie war nicht gebrochen. Der Strick, an dem der Körper hing, hatte sich um die verbleibenden Halsteile zusammengezogen. Arme, Hände und Füße sahen ähnlich aus wie der Kopf und die Halspartie. Unter der Kleidung befand sich, soweit Dr. Hartmann es, ohne die Leiche zu entkleiden, feststellen konnte, größere Gewebereste und Organteile. Dem Zustand der Leiche und den Temperaturen nach zu urteilen, die in der letzten Zeit geherrscht hatten, schätzte Dr. Hartmann, dass der Tod vor etwa drei bis vier Monaten eingetreten war. Da sie am Skelett keine Verletzungen gefunden hatte und die äußeren Umstände eindeutig erschienen, gab sie als vorläufigen Befund »Selbsttötung durch Erhängen« an. Sie stimmte damit mit den Kriminalbeamten überein.

Unabhängig von der Selbstmord-Theorie ging die Spurensicherung daran, die Hütte und deren Umgebung Millimeter für Millimeter nach Spuren, Fingerabdrücken und sonstigen Hinweisen abzusuchen, die auf einen möglichen Täter oder eine Person, die sich zum Tatzeitraum in der Hütte aufgehalten hatte, deuten konnten. Jede Kleinigkeit wurde in Plastikbeutel verpackt und registriert. Die Funde gingen anschließend zur weiteren Untersuchung in das Polizeilabor.

Der Leichnam kam ins gerichtsmedizinische Institut, wo ihn Dr. Hartmann noch am gleichen Tag obduzierte. Auch hierbei konnte sie keine Verletzungen feststellen, die auf Fremdeinwirkungen hingedeutet hätten. Und doch begannen sie zwei Dinge zu irritieren, und sie fragte sich, ob ihr erster, vorläufiger Befund richtig gewesen war. Zum einen störten sie die Knoten, mit denen der Strick an der Toten und an dem Firstbalken befestigt war. Es waren klassische Seemannsknoten, die im Alltag eher unüblich waren. Wenn jemand in der psychischen Verfassung war, sich umzubringen, dann war es unwahrscheinlich, dass er noch einen so speziellen Knoten hinbekommen würde. Er würde sicherlich das benutzen, was ihm geläufig war und ihm wie automatisch von der Hand ging. Die Frage, die es zu klären galt, war: Hatte Lisa Bredow Verbindungen zum Wassersport gehabt oder war sie selbst Seglerin gewesen? Dr. Hartmann rief den zuständigen Kriminalbeamten an und bat ihn, die Frage zu klären. Das Zweite, was sie irritierte, betraf ihr Fachgebiet. Bei der routinemäßigen Untersuchung der Haut an den Augen war ihr aufgefallen, dass die kleinen roten Punkte fehlten, die bei einer Erdrosselung unter den Augen auftreten. Sie wurden durch das Platzen kleinster Äderchen verursacht. Auch unter dem Mikroskop konnte sie keine der winzigen Blutungen in der Haut feststellen. Das Fehlen der Blutungen wäre ein Indiz dafür, dass die Frau bereits tot war, als sie aufgehängt wurde. Damit würde sich der Verdacht, dass sie ermordet wurde, erhärten.

Sie schrieb den Obduktionsbericht, der ihre Bedenken an dem Selbstmord mit aller gebotenen wissenschaftlichen Zurückhaltung enthielt und schickte ihn an die Staatsanwaltschaft. Diese griff ihre Bedenken auf und beauftragte die Kriminalpolizei, weitere Ermittlungen unter dem Gesichtspunkt durchzuführen, dass es sich bei dem Tod um Mord handeln könnte. Bei ihren Nachforschungen stützten die Beamten sich zunächst auf die Aussagen von Marlies Warnke. Sie wurde zu einer Zeugenvernehmung ins Präsidium vorgeladen. Von ihr erfuhren die Ermittler, dass Lisa Bredow – solange Marlies Warnke sie gekannt hatte und das war seit über zehn Jahren der Fall gewesen – nie irgendetwas mit Segelsport oder sonstigem Wassersport zu tun gehabt hatte. Sie habe auch nie erwähnt, dass sie eine Ahnung von Seemannsknoten habe. Diese Aussage wurde später vom geschiedenen Mann der Toten bestätigt. Auf die Frage, ob sie unter den ehemaligen Bekannten einen Seemann oder Wassersportler kenne, sagte die Freundin, ohne nachzudenken, dass Lisa Bredows letzter Freund früher zur See gefahren sei.

Ein Hausdurchsuchungsbefehl wurde beantragt und genehmigt. Die Beamten der Kriminalpolizei fuhren zu der Wohnung des ehemaligen Seemannes und letzten Freundes der Toten. Dieser war zwar überrascht über die Hausdurchsuchung, ließ die Beamten aber ohne Widerspruch gewähren. Von den Ermittlern befragt, wo er sich an dem Tag aufgehalten habe, an dem Lisa Bredow verschwunden sei, antwortete er, dass er sich nach so langer Zeit nicht mehr daran erinnern könne. Für die Kriminalisten eine durchaus logische Erklärung, da seit dem Verschwinden der Toten schon mehrere Monate vergangen waren. Die Frage, ob Lisa Bredow ihn am Tage ihres Verschwindens aufgesucht habe, verneinte er. Auch die Hütte im Wald wollte er nicht kennen.

Die Hausdurchsuchung brachte die Ermittlungen nicht voran. Zwar fanden sie eine Geldbörse, die Lisa Bredow gehört hatte, wie die Beamten anhand eines Rezeptes, das auf ihren Namen ausgestellt war und in dem Fach für Scheine steckte, feststellen konnten. Doch die Erklärung des Seemannes, sie habe es vor ihrem Verschwinden bei ihm liegen gelassen, war nicht zu widerlegen.

Das Einzige, was die Beamten mitnahmen, war ein Paar Halbschuhe mit flacher, teilweise abgelaufener Gummisohle. Sie wollten diese mit den Fußabdrücken, die bei der Hütte sichergestellt worden waren, vergleichen. Die Untersuchung der Schuhe im Labor ergab, dass die Sohle des linken Schuhs mit einem der

Abrücke am Tatort bis aufs Detail übereinstimmte. Der Seemann hatte also gelogen. Er kannte nicht nur die Hütte, er war sogar dort gewesen – ob zum Zeitpunkt des Todes, das musste allerdings noch geklärt werden.

Ein Haftbefehl wurde erlassen und zwei Beamte fuhren zu der Wohnung des Verdächtigen, um den Seemann zu verhaften. Doch er war nicht zu Hause. Von den Nachbarn erfuhren die Polizisten, dass er seine Wohnung ebenfalls verlassen hatte, kurz nachdem die Polizei gegangen war. In der Hand hatte er eine Reisetasche gehabt. Und noch etwas wussten die Nachbarn auf Befragen der Polizei zu berichten: Der Seemann besaß zwar wie alle Mieter nur einen Kellerraum, hatte aber noch Sachen in einem zweiten Kellerraum untergestellt. Der Mieter des betreffenden Kellers wurde geholt und der Raum durchsucht. Dabei fanden die Kriminalbeamten ein Seil, das ähnlich aussah, wie das, das der Toten um den Hals gelegt worden war. Das Seil wurde beschlagnahmt und ins polizeitechnische Labor gebracht. Das Ergebnis der Untersuchung ergab, dass beide Seile aus dem gleichen Material waren. Die Enden, an denen das Seil zerschnitten worden war, passten genau zusammen.

Die Fahndung wurde sofort eingeleitet, nachdem die Beamten festgestellt hatten, dass der Verdächtige die Wohnung verlassen hatte, und konnte noch am Abend desselben Tages erfolgreich abgeschlossen werden. Der Tatverdächtige wurde an der polnischen Grenze aufgegriffen und am nächsten Tag den Behörden übergeben. Bei der ersten Vernehmung durch die Polizei verweigerte er die Aussage. Erst nachdem er mit seinem Verteidiger gesprochen hatte, war er bereit, ein Geständnis abzulegen.

Zusammengefasst sagte er aus: Lisa Bredow sei an dem Tag, an dem sie das Sorgerecht für ihre Tochter verloren hatte, zu ihm gekommen. Sie habe für ein paar Tage bei ihm bleiben wollen, weil sie es allein zu Hause nicht aushalten würde. Ihm sei das nicht recht gewesen, denn er sei mit Freunden verabredet gewesen. Wegen seiner ablehnenden Haltung sei es zum Streit gekommen. Sie habe ihn beschimpft, sei hysterisch geworden und habe auf ihn eingeschlagen. Er habe sie daraufhin von sich gestoßen. Sie sei gestolpert und hingefallen. Dabei sei sie mit dem Kopf auf der scharfen Tischkante aufgeschlagen. Wenig später sei sie an der Verletzung gestorben. Da er Angst gehabt habe, man würde ihm die Wahrheit nicht glauben, habe er sich, um allen Schwierigkeiten aus dem Weg zu gehen, dazu entschlossen, den Unfall wie einen Selbstmord aussehen zu lassen. Er habe sich an die Hütte erinnert, weil er früher einmal vorübergehend als Waldarbeiter im Forst gearbeitet hatte. Er habe auch gewusst, dass die Hütte in den nächsten Monaten nicht benutzt werden würde. Und so habe er die Tote in eine Decke gewickelt und sei dann mit dem Auto zu der Hütte gefahren. Da er den Forst gekannt habe, habe er gewusst, welcher Weg direkt bis an die Hütte führt. In der Hütte habe er dann alles so hergerichtet, dass es aussah, als hätte Lisa Bredow sich selbst erhängt.

Obwohl die Geschichte den vernehmenden Beamten wenig glaubhaft erschien und sie ihn mit gezielten Fragen in Widersprüche verwickeln wollten, blieb Lisa Bredows Exfreund bei seiner Darstellung des Unfalls. Unabhängig von seiner Aussage erhob die Staatsanwaltschaft Anklage wegen Mordes an Lisa Bredow. Bei der Gerichtsverhandlung stellte die Verteidigung den Vorfall als Unfall mit Todesfolge dar, der durch die betroffene Person, Lisa Bredow, selbst herbeigeführt worden war und forderte Freispruch. Die Anklagevertretung widersprach den Ausführungen der Verteidigung. Sie führte aus, dass weder in der Wohnung noch an dem Tisch, auf den Lisa Bredow angeblich mit dem Kopf aufgeschlagen sein sollte, oder im Auto des Angeklagten Blut, Haare oder Gewebeteile der Toten gefunden worden waren. Die alles entscheidende Aussage machte jedoch die Rechtsmedizinerin Dr. Hartmann. Sie führte aus, dass es am Kopf des Opfers nicht die geringsten Spuren einer Verletzung gab. Aufgrund dieser Aussage verurteilte das Gericht den Seemann wegen Mordes zu einer langen Haftstrafe.

Der Pfirsichmörder

Ein ungewöhnlicher Fall für Rechtsmediziner Dr. Hintze

Der Hof von Bauer Dankwart lag 4 Kilometer außerhalb eines Dorfes mit 500 Einwohnern und 40 Kilometer nördlich von Magdeburg. Früher lebten die Bewohner ausschließlich von der Landwirtschaft. Zu DDR-Zeiten arbeiteten alle in der örtlichen LPG, der landwirtschaftlichen Produktionsgenossenschaft, die über 2000 Hektar unter dem Pflug hatte und eine Schweinemast mit über 1000 Tieren betrieb. Heute, 17 Jahre nach der Wiedervereinigung, arbeiteten nur noch fünf Männer als Landarbeiter. Der Rest der Bewohner fand in dieser Branche keine Anstellung mehr. Ihre Arbeitsplätze wurden durch Maschinen wegrationalisiert. Ihnen blieb nichts anderes übrig, als sich in Magdeburg eine neue Arbeitsstelle zu suchen, was jedoch nicht vielen gelang. 18 Prozent der Männer unter und 35 Prozent der Männer über 40 Jahren lebten von Arbeitslosengeld I oder II. Entsprechend schlecht war die Stimmung im Dorf. Viele, zumeist die Jüngeren, verfluchten die Wiedervereinigung, die ihnen, so die Parolen, nur Negatives gebracht hatte. Ihr Zorn richtete sich gegen die Ausländer, die ihnen, nach ihrer Überzeugung, die wenigen Arbeitsplätze wegnahmen, und gegen die »Wessis«, Leute aus dem Westen der Bundesrepublik, die sich mit ihrem Geld überall einkauften und Arbeitsplätze mit ihren Hochleistungsmaschinen überflüssig machten.

Dankwart hatte den Zorn wiederholt zu spüren bekommen. Er hatte per Gerichtsbeschluss seinen ursprünglichen Besitz, der ihm 1953 enteignet worden war, wieder zugesprochen bekommen. Eine alteingesessene Familie aus dem Dorf, der das Haus der Dankwarts als Wohnsitz zugewiesen worden war, musste ausziehen. Das hatte den Zorn der Dorfbewohner gegen den Mann aus dem Westen noch größer werden lassen. Für den Bauern waren die ersten Jahre dadurch ziemlich schwer. Er hatte zwar seinen Besitz, der seit acht Generationen in gerader Linie der Familie gehört hatte, zurückbekommen, doch Freude hatte er daran nicht, denn er wurde von den Dorfbewohner geschnitten. Für einige arbeitslose Jugendliche bestand der einzige Sport, den sie trieben, darin, ihm Schaden zuzufügen.

Das führte so weit, dass er eines Tages eine Morddrohung bekam. Er gab dies an die örtliche Polizei weiter und als hier seiner Meinung nach nichts geschah, beschwerte er sich beim Polizeipräsidenten von Sachsen-Anhalt. Der versprach zwar, sich der Sache anzunehmen, doch geschehen war nichts, was der Bedrohte hätte bemerken können. Dass die Polizei zwar Ermittlungen angestellt hatte, den Absender der Drohung aber nicht ermitteln konnte, wurde ihm nicht mitgeteilt. Die Untersuchungen wurden nach kurzer Zeit eingestellt, denn die stets unterbesetzten Polizeistellen hatten wichtigere und vor allem dringendere Aufgaben zu erledigen. Dieser Vorfall lag bereits ein Jahr zurück und geschehen war seither nichts. Bauer Dankwart, der mit seinen inzwischen 85 Jahren an einem gewissen Altersstarrsinn litt, ließ allerdings nicht locker und forderte von der Polizei Ergebnisse.

In der Familie Dankwart stand leider auch nicht alles zum Besten: Dankwart war bereits weit über 70 Jahre alt und schon seit zehn Jahren Rentner gewesen, als er die Möglichkeit bekam, einen Antrag auf Rückgabe seines Besitzes zu stellen. Er hatte bis zu seiner Rente in Hannover als Industriekaufmann in einem großen Unternehmen gearbeitet. Er hatte also weder das Fachwissen noch die körperliche Konstitution, um als Landwirt zu arbeiten. Sein einziger Sohn besaß eine kleine Bäckerei im Zentrum von Hannover. Er war also ebenfalls fachlich nicht qualifiziert, um als Bauer sein Brot zu verdienen. Der Alte beriet sich dennoch mit seinem Sohn, bevor er den entscheidenden Schritt tat. Der war von dem Gedanken begeistert, einen eigenen Hof zu besitzen, und überredete den Vater dazu, den Antrag zu stellen. Die beiden kamen überein, dass der Vater das Geld für die zu tätigenden Investitionen geben sollte, während er, der Sohn, sich um die praktischen Arbeiten im Betrieb kümmern wollte. Er nutzte die Zeit bis zur Rückübertragung des Hofes, um bei einem befreundeten Landwirt in die Lehre zu gehen.

Der Betrieb bei Magdeburg lief gut an, sah man von den Scherereien mit der einheimischen Bevölkerung ab. Mit dem Älterwerden des Vaters wurde jedoch das Verhältnis zwischen Vater und Sohn immer angespannter, was mit an der Ehefrau des Sohnes lag, die den Schwiegervater noch nie hatte leiden können. Der Vater wurde immer störrischer und fühlte sich bemüßigt, in jede Entscheidung des Sohnes hineinzureden. Noch schwerwiegender für das Verhältnis zwischen den Männern, das kurz vor dem Zerwürfnis stand, war, dass der Vater nicht bereit war, den Hof an seinen Sohn zu übergeben, so wie es vereinbart war. Der war inzwischen 49 Jahre alt und ihm gehörte, nachdem er die Bäckerei verkauft hatte, im Grunde nichts – mehr noch, sein Vater hätte ihn jederzeit auf die Straße setzen können und er, der Sohn, hätte dann bis zum Tod seines Vaters warten müssen, bevor er in den Besitz des Hofes gekommen wäre.

War schon das Verhältnis zum Vater schwierig, so gab es auch noch häufig Streitereien zwischen den Eheleuten. Seine Frau warf ihm vor, viel zu rücksichtsvoll mit dem Vater umzugehen, und verlangte von ihm, dass er den Alten samt Hof einfach sitzen lassen sollte. Das Erbe war gesichert, denn gemäß Vertrag durfte der Vater den Hof nicht ohne Zustimmung des Sohnes verkaufen.

Der Sohn konnte sich nicht zu solch drastischem Handeln entschließen, zum einen, weil es sich um seinen Vater handelte, zum anderen, weil er zu viel Arbeit in den Hof investiert hatte, die er nicht verloren sehen wollte. Außerdem fühlte er sich trotz der täglichen Querelen hier zu Hause.

Es war am 21. September, einem heißen, schwülen Spätsommertag, als der Sohn, wie er später aussagte, seinen abendlichen Rundgang durch die Stallungen mit dem Mastvieh machte. Er befand sich im Jungviehstall, als er über Handy einen Anruf von seiner Frau bekam. Mit aufgeregter Stimme sagte sie, dass etwas Schreckliches mit seinem Vater passiert sei und er sofort in die Wohnung seines Vaters kommen solle.

Als er das Wohnzimmer des Vaters im ersten Stock des Wohnhauses betrat, war es genau 21 Uhr. Er konnte sich deshalb so genau an die Zeit erinnern, weil, wie er später aussagte, die alte Familienstanduhr gerade neunmal geschlagen hatte.

Sein Vater saß wie gewöhnlich in einem Lehnstuhl am Stubenfenster, das war sein Lieblingsplatz. Die Augen waren weit aufgerissen, der Blick war starr, die Lippen waren bläulich und das Gesicht war kalkweiß. Seine Frau stand neben dem Stuhl und schluchzte. Mit tränenverhangener Stimme sagte sie ihm, dass der Vater erstickt sei, und sie fügte hinzu, dass der ganze Mund voller Pfirsich sei.

Trotz des Schocks, den der Anblick des leblosen Vaters bei seinem Sohn auslöste, dachte dieser noch daran, den Puls zu fühlen. Doch weder am Handgelenk noch an der Schlagader am Hals konnte er etwas spüren. Dafür deutete die kalte Haut darauf hin, dass seine Frau recht haben konnte. Er rief den Notarzt an. Der erschien eine halbe Stunde später und konnte nur noch den Tod des Vaters feststellen. »Tot durch Ersticken« schrieb er auf den Totenschein. Die Todesursache war für ihn der Pfirsich, der sich noch im Mund des Toten befand. Der Bauer musste den Pfirsich mit Stein in den Mund gesteckt haben, denn der Stein steckte in der Speiseröhre. Durch den Kern und das weiche Fruchtfleisch war die Luftröhre verschlossen worden, sodass der Bauer nicht mehr hatte atmen können und erstickt war. Die Kraft, den Stein aus der Speiseröhre zu würgen, hatte er offenbar nicht gehabt. Als Todeszeit notierte der Arzt »19 Uhr abends plus minus 15 Minuten«.

Bevor der Arzt den Totenschein unterschrieb, sah er sich im Raum um. Auf einem kleinen Tisch stand eine Schale mit Pfirsichen. Sie waren sehr reif, wie er durch vorsichtiges Drücken feststellte. Neben der Schale befand sich ein flacher Teller, auf dem die abgezogene Haut eines Pfirsichs lag. Da er keinen Anhaltspunkt für ein Verbrechen finden konnte, unterschrieb er den Totenschein und verständigte ein Bestattungsunternehmen, das die Leiche abholen sollte.

Danach ging alles seinen gewohnten Gang: Ein Termin für die Feuerbestattung wurde festgelegt, mit dem Pfarrer wurde die Predigt besprochen und die Nachricht vom Ableben des Herrn Dankwart wurde an Verwandte und Freunde in den Westen geschickt.

Der Fall des Bauern Dankwart wäre hier zu Ende, wenn nicht in der Region, in der das Krematorium lag, eine zweite Leichenschau vorgeschrieben gewesen wäre. Diese war vor der Einäscherung von einem Rechtsmediziner durchzuführen. Sie diente dazu sicherzustellen, dass alles ordnungsgemäß verlief: die Papiere in Ordnung waren, es sich bei der Leiche auch tatsächlich um den auf den Papieren aufgeführten Toten handelte, der Tote auch an der auf dem Totenschein vermerkten Ursache gestorben war, es keine versteckten Anzeichen gab, dass der Tote einem Verbrechen zum Opfer gefallen war, und Ähnliches.

Der zuständige Rechtsmediziner war Dr. Hintze. Er hatte sich beim Krematorium wie üblich angemeldet, bevor er sich auf den Weg machte. Als er ankam, war der Tote für die Leichenschau hergerichtet. Der Blumenschmuck war entfernt, der Sarg geöffnet und die Leiche entkleidet worden.

Dr. Hintze überprüfte zunächst die Papiere. Sie waren korrekt ausgefüllt und gaben keinen Grund zu Beanstandungen. Dann prüfte er, ob die auf dem Totenschein eingetragene Todesursache der Wahrheit entsprach. Das war der Fall, denn um die Augenpartie gab es die winzig kleinen punktförmigen Blutergüsse, die beim Tod durch Ersticken auftreten. Er fand sie auch hinter den Ohren und im Weiß der Augen. Die Ursache für das Ersticken, der Pfirsich, war natürlich inzwischen mitsamt Stein entfernt worden. Den Teil der Speiseröhre, der durch den Stein verletzt worden war, konnte er jedoch noch deutlich genug erkennen. Für den Pathologen gab es nach einer gründlichen Begutachtung der Symptome keinen Grund, an der vom Notarzt festgestellten Todesursache zu zweifeln.

Als Nächstes wurde der ganze Körper untersucht. Hier war auszuschließen, dass es Anzeichen für einen gewaltsamen Tod gab. Wie immer ging Dr. Hintze bei seiner Arbeit gründlich und koordiniert vor. So fielen ihm an den Nasenflügeln rechts und links zwei Druckstellen auf. Sie waren wegen der altersbedingten Veränderung der Hautpigmentierung mit dem bloßen Auge nur noch mit Mühe auszumachen. Unter einem starken Vergrößerungsglas waren sie jedoch deutlich zu sehen. Und sie waren verursacht worden, als der Tote noch gelebt hatte. Der Bluterguss auf dem linken Nasenflügel war größer als der auf der rechten Seite. Beide waren durch das Zusammendrücken der Nase durch Daumen und einen zweiten Finger entstanden – das nahm der Gerichtsmediziner wenigstens an. Da Dr. Hintze keinen Grund dafür erkennen konnte, warum sich der Tote diese Druckstellen zu Lebzeiten selbst zugefügt haben sollte, musste er davon ausgehen, dass sie von einer zweiten Person verursacht worden waren. Der Grund hierfür schien ihm eindeutig. Jemand hatte dem Mann die Nase zugehalten, damit er den Mund aufmachte, um zu atmen. Auch wenn er noch keinen Beweis dafür hatte, glaubte er, dass diese Person Bauer Dankwart dazu gezwungen hatte, den Mund zu öffnen, damit sie dem Opfer etwas in den Mund schieben konnte. Wahrscheinlich handelte es sich dabei um den Pfirsich, dessen Kern so groß war, dass er ihm im wahrsten Sinne des Wortes im Hals, sprich in der Speiseröhre, stecken bleiben musste. Außerdem war das Pfirsichfleisch so weich, dass es jede Öffnung luftdicht verschließen würde. Wenn seine Theorie stimmte, dann war der Bauer zwar tatsächlich erstickt, aber durch den tatkräftigen Einsatz einer anderen Person – es handelte sich also um Mord.

Allein seine Annahme reichte aus, um die Leiche ins rechtsmedizinische Institut zur weiteren Untersuchung überführen zu lassen. Dr. Hintze war sich seiner Verantwortung bewusst, denn durch sein Eingreifen waren Dinge ins Rollen gekommen, die für alle Beteiligten unangenehm waren: Die Familie des Verstorbenen musste alle Vorbereitungen für die Bestattung kurzfristig abbrechen. Nicht nur der Pfarrer musste verständigt werden, sondern auch alle Verwandten und, sofern bereits eine Nachricht an die Presse über den Termin der Trauerfeier gegeben worden war, musste auch hier eine Richtigstellung erfolgen, damit die Trauergäste nicht vor verschlossener Trauerhalle standen. Das alles würde selbstverständlich Aufmerksamkeit erregen und Anlass zu Spekulationen, Verdächtigungen, Gerüchten und übler Nachrede geben. Und das geschah nur, weil er – aufgrund der Hinweise, die er gefunden hatte – davon ausgehen musste, dass der Tote nicht Opfer eines Unfalles geworden, sondern einem Mord zum Opfer gefallen war.

Jetzt lag die Verantwortung bei Dr. Hintze: Er musste beweisen, dass seine Diagnose richtig war. Er musste Fragen beantworten wie: Was war die Ursache für den Tod? Auf welche Art und Weise war das Opfer gestorben? Wer oder was hat den Tod verursacht, war er auf natürliche Weise eingetreten oder durch einen Unfall, durch eigene Hand (Selbstmord) oder durch ein Verbrechen? – Sicherlich, es waren immer die gleichen Fragen, die er zu beantworten hatte, doch es war ein großer Unterschied, ob ein Toter am Straßenrand oder auf einer Mülldeponie gefunden wurde oder ob er, wie in diesem Fall, quasi von den Trauerfeierlichkeiten weggeholt wurde. Groß war die Versuchung den eigenen Irrtum durch einen entsprechenden Befund zu vertuschen – etwas, das kaum nachgewiesen werden konnte. Denn wenn er seinen Irrtum eingestehen müsste, dann musste er damit fertig werden, dass er Unschuldige der Gerüchteküche ausgesetzt hatte. Wie weitreichend diese Auswirkungen sein konnten, die von der Verweigerung eines Kredites bis hin zum Verlust von Geschäftskontakten oder Rufmord führen konnten, war kaum einzuschätzen. Eine Klage der Opfer gegen ihn wegen Rufschädigung wäre dabei noch das kleinste Übel. Viel schwerer würde die moralische Schuld, die man sich selbst gab, wiegen.

Diese Gedanken lasteten schwer auf Dr. Hintze, als er die Leiche auf seinem Seziertisch liegen sah. Er musste all das erst einmal verdrängen, um konzentriert und objektiv arbeiten zu können. Die Tatsache, dass sein Assistent ihn bei der Obduktion unterstützen würde, war für ihn eine Erleichterung. Zunächst galt es, alle äußeren Spuren sicherzustellen. Bei einem Verbrechen und/oder einem Selbstmord waren das die Spuren, die aus der Umgebung des Tatortes stammten – wie etwa Sand, Tannennadeln, Spuren von Insekten und Ähnliches. Außerdem musste die Kleidung eingehend untersucht werden, da sie gewöhnlich eine Vielzahl von Spuren aufwies – zum Beispiel Fremdfasern, Flecken, Beschädigungen usw. In diesem Fall entfiel diese wichtige Spurensuche, denn die Leiche war bereits gewaschen, zurechtgemacht und mit einem Totenhemd bekleidet. Die Kleidung, die Dankwart am Todestag getragen hatte, existierte nicht mehr. Weil sie so schmutzig war, so die Ehefrau des Sohnes, war sie verbrannt worden. Hier konnten also keine Spuren mehr gefunden werden. Trotzdem untersuchten die beiden Ärzte das Äußere der Leiche gründlich, kämmten das Haupthaar durch und legten den Kamm mit allem, was an ihm haftete, in einen Plastikbeutel, den sie katalogisierten. Dann reinigten sie die schon vom Bestattungsunternehmer gesäuberten Fingernägel nochmals und gaben die spärliche Ausbeute ebenfalls in eine Plastiktüte. Genauso gründlich verfuhren sie mit den anderen Körperteilen.

An den Handgelenken entdeckten sie dunkle Verfärbungen. In der mit Altersflecken durchzogenen Haut waren sie kaum auszumachen. Mit Hilfe eines starken Vergrößerungsglases sahen sie, dass es sich bei den Verfärbungen um Blutergüsse handelte, die, immer wieder unterbrochen, 6 Zentimeter breit um die Handgelenke herum verliefen. Beide Ärzte waren sich einig, dass die Blutergüsse durch ein weiches Material, zum Beispiel ein Tuch, das um die Handgelenke gewickelt worden war, entstanden sein konnten. Die Schlussfolgerung, die Handgelenke könnten gefesselt worden sein, lag nahe und wurde als Hypothese festgehalten. Die Ärzte wickelten eine Klebefolie um die Handgelenke, die die ganze Breite der Blutergüsse abdeckte. Nachdem die Folie wieder abgezogen worden war, kam auch sie zur weiteren Untersuchung in einen Plastikbeutel. Mit der Folie hofften die Ärzte, winzige Spuren dessen sicherzustellen, was um die Handgelenke gewickelt gewesen war.

Ähnlich wie bei den Handgelenken gingen sie auch bei der Mund- und Nasenpartie vor. Sollte der Tote mit dem Pfirsich erstickt worden sein, so bestand die Möglichkeit, dass der oder die Täter dem Opfer Mund und Nase verschlossen hatten. Bei der Nase galt diese Annahme – durch die Druckstellen auf beiden Nasenflügeln – so gut wie gesichert. Die Mundhöhle wurde ebenfalls unter diesen Gesichtspunkten untersucht und jeder Fremdkörper eingesammelt. Das Gleiche geschah mit den Zähnen. Zwischenraum für Zwischenraum wurde mit einer Sonde nach Spuren abgesucht und jedes Fundstück wurde in eine Plastiktüte getan.

Nachdem das Äußere des Körpers so gründlich abgesucht worden war, gingen die Ärzte daran, den Brust- und Bauchraum des Toten zu öffnen. Mit einem y-förmigen Schnitt legten sie Rippen und Bauchhöhle frei. Organ für Organ wurde entnommen und untersucht. Dabei wurde festgestellt, dass der Tote ein krankes Herz gehabt hatte und bei der kleinsten Aufregung hätte sterben können. Er war aber nicht an einem Infarkt gestorben, sondern erstickt, das stand definitiv fest. Die Tat hätte einfacher (und nie nachweisbar) dadurch begangen werden können, dass man das Opfer in Angst und Schrecken oder in Zorn versetzt hätte. Außer dieser Krankheit und den Erstickungssymptomen in der Lunge waren keine Erkrankungen festzustellen. Die Organe waren in einem dem Alter entsprechenden Zustand.

Von den Organen wurden Gewebeproben entnommen, Proben des Mageninhaltes und Proben der Körperflüssigkeiten wurden ebenfalls in Reagenzgläsern verbracht. Im Mageninhalt fanden die Ärzte keine Pfirsichteile, was bedeutete, dass der Toten unmittelbar vor seinem Tod keinen Pfirsich gegessen hatte.

Nachdem die Ärzte mit der Obduktion fertig waren, wurden die entfernten Organe in Plastiktüten getan und wieder in die Leiche zurückgelegt. Danach nähte man die Öffnungen zu.

Spuren, Gewebeproben und Körperflüssigkeiten kamen zur weiteren Untersuchung in das Labor der Rechtsmedizin. Die Untersuchungsergebnisse lagen acht Tage später vor. Was die Gewebeproben und die Körperflüssigkeiten anbelangte, gab es keine Auffälligkeiten. Außer den Rückständen eines starken Herzmittels und eines Präparates gegen Blutzucker waren keine Fremdstoffe im Körper gewesen. Was man von den Handgelenken, Fingernägeln, aus dem Mund und von den Zähnen entnommen hatte, gab Dr. Hintze wieder Grund zur Hoffnung, dass sich sein Verdacht bestätigen würde. Hier waren Haarteilchen, menschliche Schuppen und Gewebepartikel gefunden worden, die nach einer DNA-Analyse alle ein und derselben Person zugeordnet werden konnten. Nach den Gewebeteilchen, die der Pathologe aus den Zahnzwischenräumen entfernt hatte, konnte angenommen werden, dass der Tote seinen Mörder gebissen haben musste. Es war also zu erwarten, dass an der Hand des Täters Bissspuren zu finden waren. Da alle Spuren, die mit Hilfe der DNA-Analyse ermittelt worden waren, von einer Person stammten, musste von nur einem Täter ausgegangen werden.

Dr. Hintze röntgte daraufhin das Gebiss des Verstorbenen und nahm vom Ober- und Unterkiefer einen Abdruck. Dann schrieb er seinen Bericht, der mit den Worten schloss, dass der 85-jährige Dankwart durch Einwirkung einer zweiten Person getötet worden war. Nun wies die Staatsanwaltschaft die Kriminalpolizei an, im Fall Dankwart Untersuchungen einzuleiten. Polizeirat Fromm, Leiter der Abteilung für Schwerkriminalität, übertrug die Aufgabe Kriminalhauptkommissar Wagner, Leiter der Mordkommission I. Die Beamten der »Mord I«, wie die Gruppe allgemein genannt wurde, fuhren gemeinsam mit den Experten der Spurensicherung zum Hof der Dankwarts.

Der Tatort, das Wohnzimmer des alten Dankwart, blitzte vor Sauberkeit. Es war komplett renoviert worden. Wie die Beamten vom Sohn erfuhren, hatte seine Frau kurz nach dem Tod des Schwiegervaters damit begonnen, die Wohnung im Obergeschoss zu renovieren. Mit dem Wohnzimmer hatte sie angefangen. Die anderen Räume befanden sich noch in ihrem alten Zustand. Die Wohnstube war tapeziert, die Decke gestrichen und der Fußboden mit Teppichboden ausgelegt worden. Die Möbel, die Tapetenreste und der ursprüngliche Fußbodenbelag waren verbrannt worden. Die Arbeit war so gründlich gemacht worden, dass die Beamten weder in der Wohnstube noch in der Asche der verbrannten Abfälle Spuren fanden.

Die Eheleute zeigten sich schockiert, als sie von den Beamten erfuhren, dass der alte Dankwart ermordet worden war. Kriminalhauptkommissar Wagner, der die Eheleute genau beobachtete, konnte nicht erkennen, ob die Gefühle echt oder gespielt waren. Ihm fiel allerdings auf, dass die Ehefrau die Morddrohung, die ein Jahr zuvor die Polizei beschäftigt hatte, sofort erwähnte. Es klang für den Beamten so, als wollte sie die Polizei auf diese Fährte locken. Und noch etwas machte den Kriminalhauptkommissar etwas stutzig: Die Ehefrau trug an der rechten Hand ein großes Pflaster. Darauf angesprochen, zog sie unaufgefordert das Pflaster ab und zeigte ihm eine etwa 3 Zentimeter lange Schnittwunde, die sie sich beim Renovieren der Wohnung zugezogen hatte.

Auf Aufforderung schilderte sie den Beamten, was sie gesehen hatte, als sie die Stube ihres Schwiegervaters betreten hatte. Danach hatte sie kurz vor 21 Uhr abends ihren Schwiegervater aufgesucht, um die Fenster zu schließen, damit keine Mücken ins Zimmer kamen. Sie erklärte den Beamten, dass sie sich das angewöhnt hatte, weil ihr Schwiegervater meistens vergessen hatte, die Fenster zu schließen, wenn er abends bei Licht seine Zeitung las. Wenn ihn dann nachts die Mücken störten, pflegte er aufzustehen und die Mücken mit seinem Schuh zu jagen und zu erschlagen. Da das Haus alt und damit sehr hellhörig war, war sie jedes Mal durch die lauten Geräusche aufgewacht und hatte hinterher nicht mehr einschlafen können. Am nächsten Tag wäre sie dann wie gerädert gewesen. Als sie das Zimmer betreten hatte, hatte sie wie gewöhnlich ein paar Worte mit ihm gewechselt. An dem betreffenden Abend hatte er nicht geantwortet, was für ihn ungewöhnlich war. Sie war daraufhin zu ihm gegangen und hatte bemerkt, dass er ganz steif, mit aufgerissenen Augen in seinem Sessel saß. Er machte den Eindruck, als sei er tot. Weil sein Mund voller Pfirsichfleisch war, hatte sie angenommen, dass er daran erstickt sein musste. Sie hatte daraufhin ihren Mann angerufen. Der war auch nach wenigen Minuten bei ihr gewesen und hatte von da an alles Weitere veranlasst.

Der Ehemann bestätigte die Aussage seiner Frau. Auf die Frage, ob er den Toten mit geöffnetem oder mit geschlossenem Mund vorgefunden habe, antwortete er ohne Zögern, dass der Mund geschlossen gewesen sei. Einer der Kriminalbeamten rief daraufhin den Notarzt an. Dieser bestätigte die Aussage des Ehemannes. Der Mund sei zumindest bei seiner Ankunft geschlossen gewesen. Das habe er auch in seinem Protokoll vermerkt.

Das Ehepaar war völlig perplex, als Kriminalhauptkommissar Wagner die Ehefrau wegen des Verdachts des Mordes an ihrem Schwiegervater festnahm. Als sie sich von ihrem Schock erholt hatte, protestierte sie heftig gegen diese, nach ihrer Auffassung willkürliche, Amtshandlung der Polizei. Es nützte ihr aber nichts. Die sich heftig sträubende Frau wurde ins Polizeipräsidium gebracht.

Seinen Beamten, die ebenfalls erstaunt waren, erklärte der Kriminalhauptkommissar, dass nur der Täter hatte wissen können, dass sich Pfirsich im Mund befunden hatte. Der Todeszeitpunkt war durch den Notarzt auf ca. 19 Uhr abends festgelegt worden, das bedeutete, dass die Leichenstarre um 21 Uhr, also zwei Stunden später, schon so weit fortgeschritten war, dass die Frau nicht ohne Weiteres den Mund hätte öffnen können.

Bei der Vernehmung im Polizeipräsidium wurde sie mit der Sachlage konfrontiert. Doch sie ließ sich nicht aus der Ruhe bringen. Frau Dankwart sagte, dass sie das natürlich nicht gewusst, sondern nur angenommen hatte, weil auf dem Tisch neben seinem Stuhl Pfirsiche und auch Pfirsichschalen gelegen haben. Auch dass alle anderen Spuren von ihr stammten, wie die DNA-Untersuchungen ergeben hatten, konnte sie nicht beunruhigen. Sie habe ihrem Schwiegervater die Wäsche gewaschen, das Essen zubereitet und die Wohnung geputzt, da sei es nur natürlich, dass es in der Wohnung jede Menge Spuren von ihr gebe.

Erst als Dr. Hintze ihr nachwies, dass die Bissspuren, die trotz des Schnittes an ihrem Handgelenk noch zu sehen waren, eindeutig von ihrem Schwiegervater stammten, wurde sie unsicher. Und als der Rechtsmediziner ihr eröffnete, dass ihre Tat unnötig gewesen sei, denn ihr Schwiegervater sei so krank gewesen, dass ihn schon die kleinste Aufregung hätte umbringen können, brach sie zusammen und gestand die Tat: Sie habe es satt gehabt, von ihrem Schwiegervater immer wie eine Dienstmagd behandelt zu werden. Auch sei sie wütend gewesen, dass er ihrem Mann den Hof nicht überschrieben habe, wie es ausgemacht worden sei. Da ihr Mann keinen Mumm habe, mit dem Vater über die Hofübergabe zu sprechen und ihn dazu zu zwingen, endlich reinen Tisch zu machen, habe sie sich so in ihren Ärger und Frust hineingesteigert, dass sie sich entschlossen habe, die Sache selbst in die Hand zu nehmen. In einer Zeitung oder Zeitschrift habe sie einmal gelesen, dass man kleinen Kindern keine ganzen Pfirsiche geben solle, weil sie daran ersticken könnten, wenn sie den Stein mit hinunterschlucken würden. Sie habe deshalb ganz reife Früchte gekauft und sei damit, als ihr Mann noch auf dem Feld gewesen sei, zu ihrem Schwiegervater gegangen. Er habe wie gewöhnlich in seinem Sessel geschlafen. Sie habe die Gelegenheit genutzt, seine Hände zu ergreifen, sie hinter den Sessel zu ziehen und mit dem bereit gehaltenen Halstuch zusammenzubinden. Ehe ihm richtig bewusst geworden sei, was mit ihm geschah, sei sie fertig gewesen. Dann habe sie vor seinen Augen den Pfirsich geschält. Als er seinen Mund nicht habe aufmachen wollen, habe sie ihm die Nase zugehalten. Um zu atmen, habe er nun den Mund öffnen müssen. Sie habe ihm schnell den matschigen Pfirsich in den Mund gestopft und anschließend die Hand auf seinen Mund gepresst, damit er ihn nicht habe ausspucken können. Da er viel schwächer gewesen sei als sie, habe er sich nicht wehren können. Sie sei erstaunt gewesen, so sagte sie, wie schnell das Ganze vorüber gewesen sei. Sie habe mit einem längeren Kampf gerechnet. Nachdem ihr Schwiegervater tot gewesen sei, habe sie zwei Stunden gewartet, bevor sie ihren Mann angerufen habe. Nach dem Grund hierfür befragt, gab sie zu Protokoll, dass sie ganz sicher habe sein wollen, dass ihm nicht mehr hätte geholfen werden können.

Während der Gerichtsverhandlung widerrief Frau Dankwart ihr Geständnis, doch das nützte ihr nichts. Sie wurde wegen Mordes zu einer langen Freiheitsstrafe verurteilt.

Freiheit für den Würger von Plymouth

Rechtsmediziner gegen Rechtsmediziner

Der folgende Fall wirft ein Licht auf die Probleme der Justiz, wenn sich Rechtsmediziner, was die Beurteilung einer Tat angeht, nicht einigen können. Das Ganze liegt zwar schon 50 Jahre zurück, doch die Problematik ist heute nicht anders als damals.

Mrs Woverhams Pension lag nur 15 Minuten zu Fuß vom Hafen entfernt. So war es nicht verwunderlich, dass bei ihr hauptsächlich pensionierte Kapitäne wohnten. Zurzeit war von ihren fünf Zimmern jedoch nur eines von einem Kapitän belegt. In den anderen Zimmern wohnten ein ehemaliger Holzhändler, ein pensionierter Beamter der Stadtverwaltung, ein Versicherungskaufmann und ein Vertreter für Damenunterwäsche. Letzterer war der Einzige, der noch regelmäßig seinem Beruf nachging. Gemeinsam war allen Bewohnern, dass sie keine Frauen hatten – entweder waren sie unverheiratet, wie der Kapitän und der Vertreter, geschieden, wie der Beamte, oder verwitwet, wie der Holzhändler und der Versicherungskaufmann.

Mrs Woverham betrieb die Pension schon seit 40 Jahren. Sie hatte das Haus von ihren Eltern geerbt und da sie ebenfalls unverheiratet war und auch keine Kinder hatte, war es für sie viel zu groß, um allein bewohnt zu werden. Die Pensionsgäste waren quasi ihre Familie. Bis auf das Reinigen der Zimmer, für das sie ein junges Mädchen aus der Nachbarschaft angestellt hatte, machte sie alles selbst. Sie bereitete das Frühstück und den Lunch zu, servierte den Fünf-Uhr-Tee und kochte das Dinner. Es gab feste Essenszeiten, und wer nicht daran teilnehmen wollte, musste sich abmelden. Den Bewohnern standen ein Speisezimmer, eine Bibliothek, die gleichzeitig Rauchersalon war, und ein Wohnzimmer zur Verfügung. Sie selbst wohnte in zwei kleinen Mansardenzimmern, die ihre Eltern ursprünglich als Dienstbotenräume ausgebaut hatten.

Die Pensionsgäste schienen sich bei ihr wohlzufühlen, denn sie blieben gewöhnlich so lange bei ihr wohnen, bis sie ins Altersheim umsiedelten oder starben. Auch ihre derzeitigen Gäste waren schon seit über zwei Jahren in ihrer Pension. Der einzige Neuzugang war der Vertreter. Er kam aus London und hatte das Zimmer nur für ein Vierteljahr gemietet. Da er fast den ganzen Tag aus dem Haus war, auch manchmal woanders übernachtete, und an den Wochenenden nach London fuhr, störte er mit seinen geschäftlichen Aktivitäten das beschauliche, nach einem eingespielten Rhythmus ablaufende Leben nicht. Jeder der Bewohner ging tagsüber zwischen den Mahlzeiten seinen eigenen Beschäftigungen nach: Man ging spazieren, las Zeitung auf der Terrasse oder suchte bei einer Zigarre Ruhe in der Bibliothek. Sowohl auf der Terrasse als auch in der Bibliothek und in der Wohnstube war zu hören, wie Mrs Woverham in der Küche hantierte, doch die Herren hatten sich so an diese Geräusche gewöhnt, dass sie sie gar nicht mehr bewusst wahrnahmen.

Am Nachmittag des 10. Oktober saß Henry Walter, der Kapitän, gegen 16 Uhr nachmittags auf der Terrasse, blätterte in der lokalen Tageszeitung und wartete darauf, dass die Standuhr in der Diele 17 Uhr schlagen würde – die Zeit für den Tee. Er war nicht sonderlich bei der Sache, denn etwas störte ihn. Es dauerte eine ganze Weile, bevor ihm klar wurde, dass heute keine Geräusche aus der Küche an sein Ohr drangen. Automatisch zog er seine Taschenuhr hervor und sah nach der Zeit. Die Uhr ging, er hatte sich nicht in der Zeit vertan, es war genau 8 Minuten nach 16 Uhr. Irritiert wendete er sich wieder der Zeitung zu, lauschte aber, ob er etwas aus der Küche hören würde. Je mehr es auf 17 Uhr zuging, desto unruhiger wurde er, denn die vertrauten Geräusche aus der Küche blieben noch immer aus. Er stand auf und ging in die Wohnstube. Hier hatten sich inzwischen auch die anderen Gäste versammelt. Nur der Vertreter war nicht da. Die Anwesenden sahen zur Tür, als er den Raum betrat, denn sie hatten Mrs Woverham mit dem Tee erwartet, die es mit der *Tea-Time* immer sehr genau nahm. Als weitere fünf Minuten verstrichen und nichts geschah, sagte der Kapitän, er werde jetzt nachsehen, wo der verdammte Tee bleibe.

Nur wenige Augenblicke später war er zurück. Im Gesicht war er kreidebleich, wie der Holzhändler später dem Sergeant von der Mordkommission sagte. Mit zitternder Stimme teilte er den Wartenden mit, dass Mrs Woverham in der Küche tot auf dem Boden liege. Nach einigen Augenblicken der Verblüffung sprangen die Männer auf, um in die Küche zu eilen. Der Kapitän hielt sie aber mit den Worten zurück, dass niemand die Küche betreten dürfe, da es so aussehe, als sei die Wirtin erwürgt worden. Er ging daraufhin in die Halle, wo das Telefon hing, und rief die Polizei an.

Zuerst trafen zwei uniformierte Beamte des örtlichen Polizeireviers ein. Sie hatte die Aufgabe, dafür zu sorgen, dass niemand den Tatort betrat und sich keiner der Anwesenden entfernte. Eine halbe Stunde später erschien ein Detective Inspector von der Mordkommission Plymouth. Er wurde von einem Detective Sergeant begleitet. Kurz darauf trafen der staatlich beauftragte Leichenbeschauer und der Rechtsmediziner Dr. Francis ein. Die Beamten der Mordkommission hatten auf ihn gewartet. Gemeinsam gingen sie zur Küche. An der Tür blieben sie stehen. Nur Dr. Francis ging zu der auf dem Fliesenboden der Küche liegenden Frau, um zu prüfen, ob Erste Hilfe geleistet werden musste. Er schüttelte den Kopf und ging zu den Männern zurück. Bevor sie mit einer detaillierten Untersuchung beginnen wollten, nahmen sie den Tatort genau in Augenschein. Der Detective Sergeant ging derweil in die Halle und rief die Spurensicherung der Kriminalbehörde an.

Die Küche befand ich in einem sauberen, gepflegten Zustand. Nirgends stand benutztes Geschirr herum. Der Raum war fast quadratisch und etwa 4 mal 4 Meter groß. An der Ostseite befanden sich zwei Spülbecken aus Keramik. Darunter standen ein Abfalleimer und zwei andere Eimer. Darüber gab es ein Fenster, bei dem beide Flügel nach außen offen standen. Die Fensterflügel waren nicht mit den dafür angebrachten Eisenhaken gesichert. Rechts und links neben der Spüle stand je ein Schrank. Die Türen waren geschlossen. Auf der gegenüberliegenden Seite befand sich ein großer Kohleherd. Auf beiden Seiten war je eine Arbeitsplatte angebracht. Unter der Arbeitsplatte standen auf der linken Seite zwei Holzkästen. Einer war zur Hälfte mit Kohle, der andere mit Holz zum Anfeuern gefüllt. Auf der Südseite stand noch ein Küchenschrank und links daneben befand sich eine Tür. In der Mitte des Raumes stand ein Küchentisch, unter den an jeder Seite ein Küchenstuhl geschoben war. Auf dem Küchentisch befanden sich die Geräte und Zutaten, die die Wirtin offenbar für die Zubereitung von Schnittchen benötigte. Da noch kein Brot gestrichen worden war, ging Detective Inspector McLean davon aus, dass Mrs Woverham von ihrem Mörder überrascht worden war, als sie gerade mit den Vorbereitungen befasst war.

Die Tote lag zwischen Küchenherd und Küchentisch auf dem Rücken, der Kopf war zur rechten Seite geneigt und die Beine angewinkelt. Das Haar war in Unordnung und der Rock bis zu den Knien hochgeschoben. Außer dunklen Druckstellen am Hals waren keine Merkmale von äußerer Gewalteinwirkung an ihr zu erkennen. Während Detective Sergeant Miller eine Skizze von dem Zimmer anfertigte, begannen Dr. Francis mit der Untersuchung der Leiche und der Detective Inspector mit dem genauen Durchsuchen der Küche.

Dr. Francis hatte die Würgemale am Hals der Frau sofort gesehen. Ein deutlicher, tief in das Gewebe eingegrabener Abdruck befand sich auf der rechten Seite des Kehlkopfs. Drei schwächere waren links neben dem Kehlkopf zu sehen. Sie befanden sich alle in einer Linie. Von den beiden äußersten Punkten aus gemessen betrug der Abstand 10 Zentimeter. So wie die Würgemale am Hals ausgeprägt waren, musste der Täter ein kräftiger Rechtshänder gewesen sein. Eine Frau kam für den Pathologen nicht in Betracht. Dafür war der Abstand von 10 Zentimetern zu groß. Die weitere Untersuchung ergab eine frische Verletzung am Kopf. Hier war die Kopfhaut auf einer Länge von 5 Zentimetern aufgeplatzt. Die Schädeldecke war leicht eingedrückt, aber nicht zertrümmert worden. Nach Dr. Francis' vorläufiger Diagnose stammte die Wunde von einem runden Gegenstand mit einem Durchmesser von etwa 4 Zentimetern. Da die Wundränder noch durchblutet waren, musste der Schlag die Frau getroffen haben, bevor sie erwürgt worden war. Wahrscheinlich hatte sie durch den Schlag das Bewusstsein verloren, war zu Boden gestürzt und anschließend auf dem Boden liegend erwürgt worden. Für diese Annahme sprach auch die Lage der Frau. Sie hatte sich weder mit Händen noch mit Füßen gegen den Angreifer gewehrt. Die winzigen Petechien – die kleinen Blutergüsse um die Augen und im Mundraum – zeigten, dass der Tod nicht durch den Schlag auf den Kopf, sondern durch Erwürgen eingetreten war. Die Todeszeit legte Dr. Francis wegen der noch wenig ausgeprägten Leichenflecken und der fehlenden Leichenstarre auf die Zeit zwischen 15 Uhr 30 und 16 Uhr fest. Weitere äußere Verletzungen konnte der Arzt nicht feststellen. Er ließ die Frau zu einer genauen Obduktion in die Gerichtsmedizin bringen.

Detective Inspector McLean hatte auf dem frisch gescheuerten Boden zwei Schuhabdrücke entdeckt. Er ließ sie von den Experten der Spurensicherung sicherstellen. Draußen, vor dem Fenster über der Spüle, gab es drei weitere Eindrücke. Von ihnen wurden Fotografien und Gipsabdrücke genommen. Der rückwärtige Teil des Anwesens, zu dem das Küchenfenster hinausging, bestand aus einem geräumigen Obst- und Gemüsegarten. An die Hauswand neben dem Fenster befanden sich ein Kaninchenstall mit sechs Kaninchen und daneben ein Hühnerstall mit zehn Hennen. Mitten durch das Grundstück führte ein mit Feldsteinen gepflasterter Weg. Er endete an einer etwa 1,50 Meter hohen Steinmauer. Die Mauer friedete den gesamten Garten ein. Der Detective Inspector ließ Garten und Mauer ebenfalls nach Spuren absuchen.

Im Garten, der wie die Küche einen gepflegten Eindruck machte, fanden die Beamten der Spurensicherung ein etwa 40 Zentimeter langes Rundholz. An einem Ende des blank polierten Holzes entdeckten sie dunkle Flecken, wahrscheinlich Blut, und Haare. Der Durchmesser des Holzes betrug ungefähr 4 Zentimeter. Die Mauer wurde mit einem Vergrößerungsglas Zentimeter für Zentimeter abgesucht. Dabei entdeckten die Beamten an der Stelle, wo der gepflasterte Weg auf die Mauer stieß, Abschabungen und Stofffasern. Zur Straßenseite hin waren an der Mauer weitere Abschabungen festzustellen. Auch hier wurden Spuren sichergestellt. Weitere Spuren wurden nicht gefunden. Und so verließen die Experten der Spurensicherung den Tatort und gingen unverzüglich ins polizeitechnische Labor, um das Gefundene genau zu untersuchen.

Der Detective Inspector und sein Mitarbeiter Sergeant Miller blieben noch in der Pension, um die Gäste zu vernehmen. Die Aussage des Kapitäns wurde eingangs bereits dargestellt. Die Vernehmungen der anderen Bewohner ergaben zusammengefasst Folgendes: Der Holzhändler hatte nach dem Lunch auf seinem Zimmer eine ausgiebige Mittagsruhe gehalten. Danach, es musste so etwa gegen 15 Uhr gewesen sein, war er in die Stadt gegangen, wo er sich im *Miles Shoe Store* ein Paar Halbschuhe gekauft hatte. Die Verkäuferin würde sich sicher an ihn erinnern, denn er hatte mindesten sechs Paar Schuhe anprobiert, bis er ein passendes Paar gefunden hatte. Anschließend war er zur Pension zurückgegangen, wo er gegen 16 Uhr 30 eingetroffen war. Er hatte sich auf seinem Zimmer zurechtgemacht und war dann in die Wohnstube gegangen, um hier auf den Tee zu warten. Als er die Wohnstube betrat, war der Beamte bereits da gewesen. Sie hatten Zeitung gelesen, bis der Kapitän kam. Auf Verlangen des

Sergeant legte er sowohl Schuhe als auch Rechnung vor. Sie trug das heutige Datum. Die Verkäuferin bestätigte später, dass er von 15 Uhr 30 bis etwa 16 Uhr 15 im Schuhgeschäft gewesen war. Rechnete man die 20 Minuten hinzu, die er für den Weg in die City zu Fuß benötigte, dann schied der Holzhändler als Täter aus.

Der Beamte gab an, den ganzen Nachmittag auf seinem Zimmer verbracht zu haben. Er hatte sich nicht wohlgefühlt und deshalb auch eine Verabredung mit einem ehemaligen Kollegen abgesagt. Sein Zimmer hatte er erst verlassen, um zum Tee in die Wohnstube zu gehen. Er war dort der erste Gast gewesen. Auf die Frage, ob er Geräusche aus der Küche gehört habe, antwortete er, dass er sich daran nicht erinnern könne, dass das aber nichts bedeute, da er nicht gut höre und sein Hörgerät im Zimmer vergessen habe. Niemand konnte seine Angaben bezeugen. Allerdings entsprach seine Schuhgröße nicht der Größe der sichergestellten Abdrücke. Die Abdrücke entsprachen der Schuhgröße 44, während er nur Schuhgröße 42 hatte. Da dies allein noch nichts bedeutete, war er der Erste, der verdächtigt wurde.

Der Versicherungskaufmann hatte, was er des Öfteren tat, einen ehemaligen Kollegen vertreten, der an diesem Tag hatte nach London fahren müssen. Er war gleich nach dem Frühstück aus dem Haus und auf direktem Weg zu der Agentur seines Kollegen gegangen. Dort sei er bis auf eine halbe Stunde Mittagspause, die er um 13 Uhr genommen und in einem Pub in der Nähe des Büros verbracht habe, die ganze Zeit im Büro gewesen, was die Sekretärin bestätigen könne. Das Büro hatte er erst um 16 Uhr 30 wieder verlassen, um rechtzeitig zum Tee in der Pension zu sein. Weil es schon spät war und Mrs Woverham Unpünktlichkeit hasste, sei er nicht erst auf sein Zimmer, sondern gleich in die Wohnstube gegangen, wo er seine drei Mitbewohner vorgefunden habe. Seine Angaben wurden wenig später von der Sekretärin des Büros bestätigt. Er schied somit als Täter ebenfalls aus.

Blieb nur noch der Vertreter. Er war, was nicht ungewöhnlich war, nicht zum Tee erschienen und auch nicht gekommen, während der Sergeant die anderen Bewohner vernahm. Der Sergeant blieb auf Anweisung seines Vorgesetzten in der Pension, um den Vertreter bei seiner Rückkehr sofort abzufangen und ihm keine Gelegenheit zu geben, von den anderen Bewohnern zu erfahren, was passiert war.

Während des Wartens suchte der Kapitän den Sergeant auf, um ihm mitzuteilen, dass an diesem Tag eine größere Summe Geld im Hause gewesen sein müsse, denn am gestrigen Tag sei ihre monatliche Miete fällig gewesen. Da Mrs Woverham in solchen Dingen sehr akkurat gewesen sei, habe wohl jeder der Mieter an diesem Tag seine Miete bezahlt. Er jedenfalls habe das getan. Die anderen Mieter bestätigten, die Miete ordnungsgemäß beglichen zu haben. Es hätten demnach über 500 Pfund Sterling in Mrs Woverhams Besitz gewesen sein müssen und da sich keiner der Männer daran erinnern konnte, dass Mrs Woverham das Haus verlassen hatte, war es vermutlich tatsächlich noch im Haus gewesen. Dort aber hatte es die Spurensicherung nicht gefunden. Für den Sergeant stand damit fest, dass es sich im Fall der Mrs Woverham um Raubmord handelte.

Gegen 20 Uhr abends kam Peter Cramer, der Vertreter, zurück. Der Sergeant nahm ihn an der Haustür in Empfang und führte ihn in die Bibliothek. Cramer hatte Alkohol getrunken. Auf die Fragen des Sergeant antwortete er ausführlich. Den Grund für diese Befragung wollte er scheinbar gar nicht erfahren, was den Sergeant im Stillen verwunderte. Peter Cramer war ein mittelgroßer schmächtiger Mann, der für einen Vertreter für Damenunterwäsche ungepflegt wirkte. Auffallend war, dass an seiner linken Hand alle Finger fehlten. Dem Sergeant erzählte er, dass ihm die Finger bei einem Unfall an einer Stanze abgeschnitten worden waren. Der Unfall lag zehn Jahre zurück.

Nach Aussage Cramers hatte er den ganzen Tag über Textilwarengeschäfte in der Stadt und in der Umgebung besucht. Er nannte auch einzelne Geschäfte mit Namen, gab aber vor, sich nicht mehr an alle zu erinnern. Der Sergeant ließ sich das Auftragsbuch zeigen, konnte darin jedoch nur zwei Eintragungen entdecken. Beide Besuche waren am Vormittag getätigt worden. Für die Tatzeit besaß Cramer also kein Alibi.

Wie bei den anderen Pensionsgästen, so überprüfte der Sergeant auch Cramers Schuhwerk. Die Halbschuhe hatten Größe 44 und das Profil der Sohle des linken Schuhs stimmte mit drei der gefundenen Abdrücke überein. Der Sergeant betrachtete den Vertreter genauer und glaubte am rechten Hosenbein Cramers roten Staub zu sehen. Der Staub konnte von der Einfriedungsmauer stammen, die aus roten Ziegelsteinen gebaut war. Von den beiden Streifenbeamten, die mit dem Sergeant auf den Vertreter gewartet hatten, ließ der Kriminalbeamte das Zimmer und den Verdächtigen selbst durchsuchen. Dabei wurden 450 Pfund Sterling sichergestellt. Auf die Frage, woher das Geld stamme, verweigerte Cramer allerdings die Auskunft. Der Sergeant nahm ihn daraufhin unter dem Verdacht, Mrs Woverham ermordet zu haben, fest.

Bei den Vernehmungen im Polizeipräsidium verweigerte Cramer die Aussage. Erst nachdem er mit seinem Anwalt gesprochen hatte, war er plötzlich bereit, ein Geständnis abzulegen: Er sagte aus, dass er Spielschulden gehabt habe und ihm die Gläubiger mit Gewalt gedroht hätten, wenn er nicht innerhalb von drei Tagen zahlte. Da er gewusst habe, dass Mrs Woverham gerade die Miete eingenommen hatte und sie gewöhnlich bei sich trug, bis sie zur Bank ging, sei er von der Nebenstraße aus über die Mauer gestiegen, habe sich den Knüppel, mit dem er manchmal die Kaninchen für die Wirtin getötet habe, genommen und sei durch das Fenster in die Küche eingestiegen. Er sei dabei so leise gewesen, dass die Wirtin ihn erst bemerkt habe, als er hinter ihr gestanden sei. Bevor sie etwas habe sagen können, habe er ihr mit dem Knüppel über den Kopf geschlagen. Sie sei dann hingefallen, sei aber nicht bewusstlos, sondern nur benommen gewesen. Deshalb habe er sich auf sie gestürzt und sie gewürgt. Dabei sei sie gestorben. Das habe er nicht gewollt. Das Geld hatte sie, wie er wusste, immer in einer Geldtasche unter ihrer Schürze. Er sei dann auf demselben Weg, den er gekommen war, wieder zurückgegangen. Niemand habe ihn gesehen. In einer Kneipe habe er sich bei ein paar Schnäpsen von dem Schock erholt, jemanden umgebracht zu haben.

Mit dem Geständnis war der Fall für die Staatsanwaltschaft und die Polizei gelöst. Anklage wegen Raubmordes wurde erhoben und ein Gerichtstermin festgelegt.

Aber dann geschah das Erstaunliche: Der Angeklagte widerrief sein Geständnis mit der Begründung, dass er in der Untersuchungshaft einen »Zellenkoller« bekommen und deshalb alles unterschrieben habe. Außerdem habe er den Druck durch die vielen Verhöre der Polizei nicht ausgehalten. Auf die Frage, wie er sich denn seine Fußspuren in der Küche und die Fußspuren vor dem Fenster und den Ziegelstaub an seiner Hose erkläre, sagte er, dass er immer wieder einmal über die Mauer geklettert sei, um ins Haus zu kommen. Immer wenn er seinen Haustürschlüssel vergessen habe, sei er auf diesem Weg ins Haus gelangt, denn für den Schlüssel der Tür zum Garten gab es ein Versteck, das er kannte. Manchmal habe er am Küchenfenster gelauscht, um zu hören, ob Mrs Woverham schon zu Bett gegangen sei. Daher wohl auch die Fußspuren vor dem Fenster. Seinen Schuhabdruck in der Küche konnte er ebenfalls erklären: Er habe am Morgen mit der Wirtin einen Tee in der Küche getrunken, als er ihr das Geld für seine Miete übergeben habe. Dabei sei wohl der Abdruck entstanden. Zu dem Geld, das er bei sich getragen hatte, sagte er aus, dass er das Geld im Spiel gewonnen habe. Es sei viel mehr gewesen, doch er habe davon zunächst seine Schulden bezahlt. Wer seine Gläubiger gewesen waren, wollte er nicht sagen, da es sich um einen illegalen Spielsalon handelte.

Trotz seiner Aussage stand die Sache für den Vertreter nicht gut, bis der Verteidiger sein Ass aus dem Ärmel zog. – Er hatte den berühmtesten Pathologen des Königreiches als Sachverständigen für die Verteidigung gewinnen können. Jeder der Akteure im Gerichtssaal kannte ihn, denn er war schon oft als Sachverständiger für die Staatsanwaltschaft tätig gewesen. Der Rechtsmediziner sagte aus – und verdeutlichte seine Aussage mit Zeichnungen –, dass der Angeklagte mit seiner verstümmelten Hand unmöglich einen Mord begehen konnte. Diese Aussage brachte die Entscheidung. Peter Cramer konnte den Gerichtssaal als freier Mann verlassen.

Es war fast 20 Jahre später. Dr. Francis war inzwischen ein ebenso anerkannter Rechtsmediziner wie der Pathologe, der in dem Cramer-Prozess ausgesagt hatte. Er hatte ein Buch geschrieben, in dem er den Fall Cramer als ein Beispiel zitierte, dass auch berühmte Persönlichkeiten sich irren können. Womit er nicht gerechnet hatte, war, dass Peter Cramer wegen Rufschädigung Anzeige gegen ihn erstattete und eine enorme Summe als Schadensersatz forderte.

Es gab eine erneute Verhandlung. Diesmal saß Dr. Francis auf der Anklagebank. Doch jetzt hatte Cramer keinen berühmten Pathologen an seiner Seite. Anhand seiner früheren Notizen konnte der Arzt dem Gericht demonstrieren, dass Peter Cramer Mrs Woverham sehr wohl hatte erdrosseln können. Sobald die Frau einmal auf dem Boden gelegen habe, habe er sich auf sie setzen, sie würgen und dabei sein Körpergewicht so verlagern können, dass es auf der Hand mit den Stümpfen lag, die sich dann so weit in das Gewebe des Halses eindrückten, dass Mrs Woverham sowohl die Luft als auch der Blutstrom zum Gehirn abgedrückt worden war. Die Demonstration war so überzeugend, dass Cramer des Mordes an Mrs Woverham für schuldig befunden und die Anzeige gegen Dr. Francis aufgehoben wurde.

Da Peter Cramer wegen dieser Tat bereits einmal freigesprochen worden war, konnte er deswegen nicht ein zweites Mal verurteilt werden. Wieder verließ er den Gerichtssaal als freier Mann. Ein Jahr später, kurz vor seinem Tod, gestand er einem Gerichtsreporter, dass er die Frau tatsächlich erwürgt hatte.

KAPITEL 5

MORD AUS DEM HINTERHALT – SCHUSSWAFFENEXPERTEN KLÄREN AUF

Ein Madenteppich, ein paar Fetzen Haut und ein Loch im Kopf

Ein Puzzle, das Ermittler und forensische Wissenschaftler nur gemeinsam zusammensetzen können

Brütende Hitze lag über ganz Deutschland. Seit Tagen stöhnten die Menschen über die Schwüle. An manchen Tagen stieg das Thermometer bis auf 35 Grad Celsius. Jeder hoffte auf ein klärendes Gewitter mit anschließender Abkühlung. Doch das war auch in den nächsten Tagen nicht in Sicht. In dem Tal am Oberrhein war es besonders schlimm. Hier war es schon bei normalen Sommertemperaturen ein bis drei Grad wärmer als im übrigen Deutschland. Wer konnte, blieb zu Hause oder suchte Abkühlung unter den Bäumen der Rheinauen oder im Wasser des Flusses. So auch Familie Brinkmann aus Hamburg, die sich ausgerechnet den Hochsommer für Ferien in Rastatt ausgesucht hatte. Während die Eltern und die Tochter im Schatten einer Erle auf ihren Decken lagen und sich so wenig wie möglich bewegten, ließ sich der zwölfjährige Sohn auch durch die Hitze nicht abhalten, in der Gegend umherzustromern. Dabei durchkämmte er auch das etwas nördlich gelegene Waldstück zwischen Rhein und Uferstraße. Wie er später der Polizei sagte, war er auf der Suche nach Haselnusssträuchern, aus deren Ästen er sich einen Flitzbogen bauen wollte.

Sein Streifzug wurde jäh beendet. Aufgeregt kam er zu seinen Eltern gerannt. »Da hinten liegt eine Leiche«, rief er seinem Vater zu.

Der Vater, der die Fantasie seines Sohnes kannte, glaubte ihm nicht. Doch der Sohn versicherte ihm, dass es wahr sei. Inzwischen hatte die Diskussion zwischen Vater und Sohn die anderen Badegäste aus ihrer Lethargie geweckt. Zwei Männer erhoben sich, drei weitere folgten. Sie wollten wissen, wo die Leiche liege. Nun stand auch der Vater auf und zu sechst folgten sie dem Jungen. Sie brauchten nicht weit zu gehen, dann sahen sie, dass der Junge recht gehabt hatte. Zwischen Farnkraut und Buschwerk lag eine männliche Leiche. Auf ihrer Brust brodelte ein Meer von weißlichen Maden. Auch Augen und Nasenhöhlen waren mit den krabbelnden Tieren gefüllt. Zwei Männern wurde übel. Der Zwölfjährige war von seiner Entdeckung fasziniert.

Einer der Männer übernahm die Initiative. Er war Polizist und wusste, wie wichtig es war, am Fundort eines möglichen Verbrechens keine Spuren zu verwischen. Er sorgte dafür, dass die Männer auf demselben Weg zurückgingen, auf dem sie gekommen waren. Dann bat er einen der Männer, den Waldrand zu bewachen und Neugierige davon abzuhalten, den Wald zu betreten. Er selbst ging zu seinem Lagerplatz und meldete den Fund per Handy der Polizei.

Die Polizei erschien mit großem Aufgebot: zwei Kriminalbeamte, ein Vertreter der Staatsanwaltschaft, der zuständige Rechtsmediziner und drei Beamte von der Spurensicherung. Einer der Kriminalbeamten hatte sich, obwohl er schon über 20 Jahre dabei war, bis heute nicht an den Anblick halb skelettierter

Leichen gewöhnen können, in denen sich Tausende von Maden an den Eingeweiden und Muskelgeweben satt fraßen. Ein kurzer Blick, dann zog er sich, begleitet von dem ironischen Lächeln seiner Kollegen, zurück.

Für Rechtsmediziner Dr. Freiberg war das genaue Gegenteil der Fall: Er liebte die Maden, weil sie ihm seine Arbeit erleichterten. Nachdem er den Boden um die Leiche herum sorgfältig ab-

> Liegt ein toter Körper im Freien, kommen innerhalb kürzester Zeit die Schmeißfliegen und legen ihre Eier in den Wunden oder, wenn keine vorhanden sind, an anderen feuchten Stellen – wie Augen, Mund, Nase, After oder Genitalbereich – ab. Nach 12 bis *14* Stunden schlüpfen aus den Eiern winzige Maden, die sofort zu fressen beginnen. Nach weiteren *14* Stunden sind die Maden so weit gewachsen, dass sie sich zum ersten Mal häuten. *Zwei* bis *drei* Tage später (je nach Temperatur) häuteten sich die Maden ein zweites Mal. Nun sind sie cremig weiß und reine Fressmaschinen. Nach etwa *sechs* Tagen ziehen sie sich von der Leiche zurück und vergraben sich in der Nähe im Boden. Nach *zwölf* Tagen schlüpfen neue Schmeißfliegen aus den Puppen.

gesucht und den Boden an einigen Stellen vorsichtig aufgewühlt hatte, fragte er den Vertreter der Staatsanwaltschaft, wie lange die Leiche wohl hier schon liege. Der Staatsanwalt betrachtete die Leiche genauer. Soweit er es trotz der dicken, sich ständig bewegenden Schicht von Maden sehen konnte, waren die Knochen schon an vielen Teilen freigelegt worden. Er schätzte deshalb die Liegezeit auf drei bis vier Monate.

»Drei bis vier Tage trifft es wohl eher«, war die Antwort von Dr. Freiberg.

Er hatte beim ersten Absuchen des Bodens um die Leiche herum keine braunen tönnchenförmigen Hülsen gefunden. Die Häute der Maden, aus denen eine neue Fliegengeneration schlüpft, würden genau hier zu finden sein. Da sie aber fehlten, waren die auf der Leiche befindlichen Maden die erste Besiedlungsgeneration. Diese Erkenntnis half dem Arzt zu bestimmen, wie lange die Leiche hier gelegen hatte, denn der Lebensrhythmus der Maden verlief immer in den gleichen Zeitperioden.

Da die Maden auf der Leiche bereits eine cremeartige Färbung zeigten, aber noch nicht ausgewachsen waren, schätzte Dr. Freiberg, dass die Leiche seit etwa vier bis fünf Tagen hier lag. Damit hatte er nicht den Todeszeitpunkt bestimmt, sondern nur etwas über die Zeit gesagt, die die Leiche im Freien lag. Über den Zeitpunkt des Todes konnte er noch nichts sagen. Dieser konnte mit dem Beginn der Zeit zusammenfallen, die der tote Körper draußen lag, er konnte aber auch zwei oder drei Monate oder noch länger zurückliegen, zum Beispiel, wenn der Täter die Leiche in einer Gefriertruhe zwischengelagert hatte.

Dass die Skelettierung bereits so weit fortgeschritten war, lag an der Hitze, die seit Tagen herrschte. Bei normalen Temperaturen würde ein Zustand, wie ihn die Leiche aufwies, erst nach Wochen erreicht werden.

Bei hohen Außentemperaturen jedoch schreitet der Fäulnisprozess eines toten Körpers schnell voran, was für die Maden bedeutet, dass sie Nahrung im Überfluss haben. Sie können mit ihren Fresswerkzeugen nämlich nur weiche Nahrung aufnehmen.

Bei der weiteren Untersuchung stellte Dr. Freiberg fest, dass sich an der rechten Schläfe direkt vor dem oberen Ansatz der Ohrmuschel ein kreisrundes Loch von 9 Millimetern Durchmesser befand. So wie es aussah, war es ein Einschussloch, verursacht durch eine Kugel aus einer Handfeuerwaffe. Auf der anderen Seite des Schädels war ein etwa faustgroßes Stück Knochen weggerissen. Wahrscheinlich durch den Austritt der stark verformten Kugel. Von der Gehirnmasse existierte nicht mehr viel. Hier hatten die Maden ganze Arbeit geleistet.

Da er am Fundort nichts weiter tun konnte, ließ Dr. Freiberg die Leiche samt Maden in einen Leichensack verpacken und in die Rechtsmedizin zur weiteren Untersuchung bringen. Er selbst machte einen Umweg und kaufte bei einem Schlachter ein Stück Leber, eine Lieblingsspeise der Maden. Im Sezierraum der Rechtsmedizin legte er das Stück Leber in ein Glas, nahm mit einer Pinzette fünf Maden und setzte sie auf die Leber. Dann schrieb er Fundort, Datum und Uhrzeit darauf und stellte das Glas an einen warmen Ort. Der Grund, warum er das tat, war nicht, dass er eine besondere Vorliebe für Maden gehabt hätte. Er wollte vielmehr feststellen, wie lange die Maden noch brauchten, bevor sie sich zu verpuppen begannen. Wusste er das, so konnte er zurückrechnen und den Zeitpunkt, an dem die Leiche in der Buschgruppe in den Rheinauen abgelegt worden war, auf ein paar Stunden genau bestimmen. Das zu wissen, war für die Ermittler wichtig, zum Beispiel wenn es darum ging, Alibis zu überprüfen.

Während Dr. Freiberg sich weiter mit der Leiche beschäftigte, war die Spurensicherung dabei, den Bereich um die Leiche weiträumig abzusuchen. Sie ging dabei nach einem genau festgelegten Schema vor, um sicherzustellen, dass ihr nicht die kleinste Kleinigkeit entging. Alles, was ihr nicht an diesen Ort zu gehören schien, wurde eingesammelt, auf einer Lagekarte eingezeichnet und katalogisiert.

Nach acht Stunden, der Fundort war inzwischen mit starken Scheinwerfern ausgeleuchtet, machte einer der Experten von der

Spurensicherung den ersten wirklich wichtigen Fund. Er entdeckte auf einem abgebrochenen Ast, der auf dem Boden lag, eine abgeschabte Stelle. Unter dieser Stelle blitzte etwas silbrig. Als er den Gegenstand aufhob, sah er, dass es sich dabei um ein Teil einer stark verformten Kugel aus einer Handfeuerwaffe handelte. Trotz intensiver Suche blieb dieses Stück das Einzige, was sie von der Kugel fanden.

Dr. Freiberg hatte die Leiche inzwischen gesäubert und die Kleidungsstücke untersucht. Sie enthielten nichts, was der Aufklärung des Mordes dienlich gewesen wäre. Der Tote hatte ein abgetragenes, gelbes Poloshirt der Marke *Golden Style* an, trug eine verwaschene Jeans, Marke *Pioneer;* einen weißen Slip und neue braune Mokassins von *Ecco.* In den Hosentaschen befanden sich weder Geldbeutel noch Schlüssel oder Taschentücher.

Bei dem Toten handelte es sich, wie an den Knochen und dem Schädel zu erkennen war, um einen Mitteleuropäer. Er war 1,76 Meter groß gewesen. Das Alter schätzte der Arzt auf 40 bis 45 Jahre. Er hatte drei schon länger verheilte Knochenbrüche gehabt: rechtes Schlüsselbein, rechter Daumen und linker Oberschenkelhalsknochen. Die Zähne waren gepflegt, hatten aber Amalgamfüllungen. Aus der Kleidung und aus den Zahnfüllungen konnte geschlossen werden, dass der Mann in wirtschaftlich eingeschränkten Verhältnissen gelebt hatte. Der Schädel bereitete Dr. Freiberg die größten Probleme. Das Einschussloch stammte eindeutig von einer 9-Millimeter-Kugel. Der Austrittsbereich war aber so groß, dass er normalerweise nicht von einer Kugel dieses Kalibers stammen konnte. Der Pathologe setzte sich deshalb mit dem Experten für Schusswaffen des polizeitechnischen Labors in Verbindung. Eindeutig war, dass der Mann, als der Schuss abgegeben wurde, noch gelebt haben musste, und unzweifelhaft war auch, dass der Schuss ihn sofort getötet hatte.

Ein weiteres Problem stellte sich für Dr. Freiberg: Hierbei ging es darum festzulegen, ob das Opfer Selbstmord begangen hatte oder ermordet worden war. Bei der Antwort halfen dem Arzt die Hautfetzen an der Einschusswunde, die noch nicht durch die Verwesung vernichtet worden waren. Unter einem starken Vergrößerungsglas konnte der Gerichtsmediziner deutlich Schmauchpartikel in der Haut erkennen. Sie entstehen durch die Gase, die aus dem Lauf der Waffe treten, sobald die Kugel den Lauf verlassen hat. Die Schmauchpartikel befanden sich am oberen Rand des Einschussloches näher am Einschuss, auf der unteren Seite jedoch waren sie über einen größeren Bereich verteilt. Für den Arzt bedeute dies, dass die Waffe nicht direkt auf die Haut aufgesetzt worden war, es war vielmehr aus kurzer Entfernung geschossen worden. Hätte die Waffe direkt am Kopf angelegen, dann hätten die Gase einen kreisrunden Abdruck hinterlassen. Hier aber gab es eine ovale Schmauchverteilung, was besagte, dass sich die Gase nach dem Austreten aus dem Lauf verteilen konnten. Das ovale Verteilungsmuster deutete darauf hin, dass der Schuss das Opfer nicht waagrecht, sondern von schräg oben getroffen hatte. Dies wäre für einen Selbstmord eine sehr ungewöhnliche Waffenhaltung gewesen. Das Muster der Schmauchspur zeigte also, dass der Schuss von einer Person abgegeben worden war, die größer als das Opfer war. Das Opfer war also mit großer Wahrscheinlichkeit ermordet worden. Wobei hier die Frage, ob es sich auch um einen Tod durch Verlangen handeln könnte, noch nicht beantwortet werden konnte.

Inzwischen war das Teilstück der Kugel, das man gefunden hatte, bei dem Waffenexperten des Polizeilabors eingegangen. Trotz der starken Verformungen des Bleis war zu erkennen, dass es sich bei der Kugel um ein Hohlspitzgeschoss gehandelt hatte. Bei diesen Geschossen läuft das Geschoss nicht in einer Spitze aus, sondern die Vorderseite sieht wie eine winzig kleine Schüssel aus. In ihrer Mitte gibt es eine Aushöhlung. Diese Geschosse, im Volksmund auch »Dum-Dum-Geschosse« genannt, verformen sich beim Auftreffen und reißen im Körper wesentlich größere Wunden als normal spitze Geschosse. Besitzen die Geschosse noch so viel Energie, dass sie auf der anderen Seite des Körpers wieder austreten können, dann ist auch das Austrittsloch sehr groß und unregelmäßig. Da diese Munition wegen ihrer großen Verletzungswirkung nicht im Handel erhältlich ist und auch nicht von Polizei und Bundeswehr verwendet werden darf, musste es sich bei dem Täter um einen Waffen- und/oder Munitionsnarren oder um einen professionellen Killer handeln.

Die Ergebnisse der Untersuchungen wurden in einem Bericht zusammengefasst und an die Staatsanwaltschaft gesendet. Der Rechtsmediziner und die anderen forensischen Experten hatten ihre Aufgabe erfüllt. Die mühselige Arbeit der Suche nach dem Täter lag nun bei dem leitenden Kriminalhauptkommissar Steffen Wegner und seiner Abteilung. Für ihn gab es drei grundsätzliche Fragen zu klären: Wer war der Tote? Wer kam als Täter in Frage? Welches Motiv hatte der Täter?

Für Steffen Wegner stellte sich die Ausgangslage bei seinen Ermittlungen wie folgt dar: Zur Identifizierung des Toten konnten die Röntgenaufnahmen des Gebisses dienen. Amalgamfüllungen waren heutzutage recht selten, sodass, sofern das Opfer aus der Gegend stammte, eine Identifizierung erfolgreich sein konnte. Ein zweiter Ansatzpunkt ergab sich aus den braunen Mokassins. Der Firmenname gab die Richtung vor, in der gesucht werden musste. Da die Schuhe neu waren, konnte möglicherweise der Verkäufer gefunden werden, der sich hoffentlich an den Mann, der die Schuhe gekauft hatte, erinnerte. Mit etwas Glück hatte der Mann mit einer Scheckkarte bezahlt, was einer Identifizierung gleichkam. Falls das nicht der Fall war, gab es die Möglichkeit, ein Phantombild anzufertigen. Die Wahrscheinlichkeit, dass man dem Toten im Verlauf der nächsten Tage einen Namen geben konnte, war relativ hoch. Allerdings gab es ein Problem. Bei der Nähe des Fundortes zur französischen Grenze konnte der Tote auch aus Frankreich stammen, was die Ermittlungen zwar nicht beeinträchtigen, aber verlängern würde.

Komplizierter sah es aus, wenn man sich Gedanken über den Täter machte. Hier engte zwar die Größe des Täters, die deutlich über 1,75 Meter lag, und die Verwendung eines Dum-Dum-Geschosses den Täterkreis ein. Da diese Munition in Deutschland verboten war, konnte davon ausgegangen werden, dass der Täter nicht unter den einheimischen Jägern und Sportschützen zu suchen war. Andererseits bestand die Möglichkeit, dass es sich bei dem Schützen um einen Berufskiller handelte, der extra für die Tat angereist war und sich nach der Tat höchstwahrscheinlich wieder ins Ausland abgesetzt hatte. Für diese Theorie sprach, dass der Tote nicht wirklich versteckt worden war. Dass der Tote in ein Dickicht gleich neben eine Badewiese gelegt worden war, deutete darauf hin, dass es dem Täter egal war, wann der Tote gefunden wurde. Er brauchte nur genügend Zeit, um sich in Sicherheit zu bringen. Für die weiteren Ermittlungen ergab sich daraus, dass man zunächst die Identität des Toten feststellen und danach versuchen wollte, aus dem Umfeld des Toten Hinweise in Bezug auf »Motiv und Täter« zu gewinnen.

Die Beamten der Mordkommission hatten Glück. Schon der zweite Zahnarzt konnte den Toten anhand der Röntgenaufnahmen identifizieren. Er hieß Wotan Burgdan, stammte aus Rumänien, war 42 Jahre alt und hatte als Adresse eine Wohnung am Markt angegeben. Der Zahnarzt hatte ihn vor drei Monaten wegen akuter Zahnschmerzen behandelt und ihm dabei vorgeschlagen, die Amalgamfüllungen zu ersetzen. Das war auch der Grund, warum er sich so schnell an den Patienten erinnert hatte. Bezahlt hatte der Mann in bar, was ihn, den Zahnarzt, erstaunt hatte, weil er nicht so aussah, wie wenn er Geld übrig hätte.

Die Beamten suchten die angegebene Adresse auf. Es war eine ausgebaute Mansarde mit drei winzigen Zimmern, einem Duschbad und einer Pantry-Küche. Bewohnt wurde sie von fünf Asylanten – zwei Nigerianern, einem Albaner und zwei Rumänen. Die beiden Nigerianer und die Rumänen bewohnten jeweils ein Zimmer. Der Albaner hatte ein Zimmer für sich allein. Bis auf die beiden Rumänen hatten alle gültige Aufenthaltspapiere. Die Rumänen konnten nicht überprüft werden, da sie nicht anwesend waren. Die Kriminalbeamten nahmen die drei Männer zur Vernehmung mit aufs Polizeipräsidium. In Anwesenheit eines Dolmetschers wurden sie als Zeugen vernommen. Sie waren verschüchtert und dachten, sie seien festgenommen worden, um abgeschoben zu werden. Sie beteuerten immer wieder, nichts getan zu haben, und drängten den Beamten ihre gültigen Papiere auf. Erst als sie begriffen, dass die Polizei nur Auskünfte über die Rumänen haben wollten, beruhigten sie sich und waren bereit auszusagen. Viel konnten sie den Beamten allerdings nicht helfen, denn die Rumänen hatten sich von den anderen Bewohnern abgesondert. Außerdem waren sie nur selten in der Wohnung. Im Gegensatz zu ihnen hatten sie immer über Geld verfügt. Worüber sie gesprochen hatten, konnten die Asylbewerber nicht sagen, da sie sich in einer Sprache unterhalten hatten, die sie nicht kannten. Einmal hatten die Rumänen drei Mädchen mitgebracht, die über Nacht in ihrem Zimmer geblieben waren. Die Mädchen waren sehr jung gewesen und hatten einen verstörten Eindruck gemacht. Ein Mädchen, so der Albaner, hatte ein blaues Auge gehabt und hatte geweint. Die Beschreibung eines Mannes passte genau auf den Toten. Besonders interessant war für die Ermittler, dass der eine der Rumänen als mittelgroß und der andere als groß – er soll über 1,80 Meter groß sein – angegeben wurde. Als die Beamten die Asylbewerber aufforderten, getrennt voneinander mit Hilfe des Polizeizeichners Phantombilder von den Rumänen und den Mädchen zu erstellen, bot sich der Albaner an, die Personen selbst zu skizzieren. Wie sich herausstellte, hatte er in seiner Heimat ein Studium als Maler und Bildhauer absolviert. Die Zeichnungen, die er anfertigte, waren gelungen, wie die Beamten bei einem Vergleich des gezeichneten Bildes mit einer Fotografie des Toten feststellen konnten.

Als das Zimmer der Rumänen durchsucht wurde, entdeckten die Polizisten sechs rumänische Pässe. Alle waren auf junge Mädchen im Alter von 14 und 16 Jahren ausgestellt. Sonst wurde nichts für den Fall Verwertbares gefunden. Die Namen der beiden Rumänen hatte die Polizei vom Vermieter erfahren. Danach stimmte der

Name des Toten nicht mit dem Namen überein, den er dem Zahnarzt genannt hatte. Nach den Unterlagen des Vermieters hieß der Kleine Boris Vasluiki und der Große Jurim Brasovak. Inwieweit diese Namen richtig waren, konnte nicht überprüft werden.

Kriminalhauptkommissar Wegner und sein Team waren davon überzeugt, dass die Rumänen in Mädchenhandel verstrickt waren. Er entschloss sich, die rumänischen Behörden einzuschalten. Per E-Mail gab er die Personalien der beiden Männer und der Mädchen an das Kriminalhauptquartier in Bukarest durch. Außerdem wurde eine Fahndung nach Jurim Brasovak eingeleitet und zusammen mit den Kollegen von der Sitte durchsuchten die Beamten die einschlägigen Lokale und Häuser, in denen Prostitution getrieben wurde, nach den Mädchen.

Sie fanden sie in zwei verschiedenen Bordellen in Rastatt. Die Betreiber der Bordelle wurden festgenommen. Gegen sie wurde wegen Verleitung Minderjähriger zur Prostitution Anklage erhoben. Bei der Vernehmung gaben sie zu, die Rumänen zu kennen. Die Rumänen hatten als Vermittler fungiert und ihnen Frauen »gebracht«, die zur Prostitution bereit waren. Dass die Mädchen noch minderjährig waren, glaubten sie nicht, da sie darauf bestanden hatten, nur volljährige Frauen vermittelt zu bekommen. Um ihre Aussagen zu unterstützen, ließen sie von ihrem Anwalt Papiere von den Mädchen vorlegen, aus denen hervorging, dass die Mädchen volljährig waren und freiwillig in den Bordellen arbeiteten. Die Mädchen gaben hierzu übereinstimmend an, dass man sie gezwungen hatte, das Papier zu unterschreiben. Da sie kein Deutsch konnten, wusste sie nicht, was sie unterschrieben hatten. Man hatte ihnen gesagt, es sei für die Aufenthaltserlaubnis und für die Arbeitserlaubnis als Modell wichtig. Nachdem sie das Papier unterschrieben hatten, waren sie in die Bordelle gebracht worden.

Die Vernehmung der Mädchen ergab zusammengefasst, dass die beiden Männer in Bukarest eine Agentur für Modelle betrieben. Durch Zeitungsanzeigen und indem sie junge Frauen und

Mädchen auf der Straße ansprachen, warben sie sie an. In einem professionell aussehenden Studio hatte man Aufnahmen von ihnen gemacht und sie gleich vom Studio aus nach Deutschland gebracht. Man hatte ihnen gesagt, ein Kunde habe angerufen, der dringend Modelle für eine Kollektion benötige. Sie müssten aber sofort verfügbar sein. Keines der Mädchen hatte bei dem Angebot und dem in Aussicht gestellten Lohn abgesagt. Zu dem Verhältnis der beiden Männer zueinander befragt, sagten sie, dass es sehr gespannt gewesen sei. Welchen Konflikt die beiden allerdings miteinander hatten, das war ihnen nicht bekannt.

Die Aussagen wurden von der rumänischen Polizei, die sich zwei Wochen später bei der Staatsanwaltschaft in Rastatt meldete, im Wesentlichen bestätigt. Sie meldete aber auch, dass das Studio und die Modellagentur nicht mehr existierten und Jurim Brasovak nicht auffindbar sei.

Ein halbes Jahr lang blieben alle Versuche, ihn aufzuspüren, erfolglos. Dann ging eine E-Mail von der Polizei aus Reichenhall ein, dass der Verdächtige kurz hinter der Grenze von einer Zivilstreife gestellt worden war. In seinem Auto befanden sich drei Mädchen. Bei einer Durchsuchung des Autos wurde neben einem Kilogramm Heroin auch eine Pistole, Kaliber 9 Millimeter, und 20 Schuss Munition gefunden. Bei Munition handelte es sich um Dum-Dum-Geschosse. Der Verdächtige wurde nach Rastatt überführt und vernommen. Trotz mehrfacher Versuche gelang es den Vernehmungsbeamten nicht, ihn zu einer Aussage zu bewegen. Er blieb stumm. Auch bei der Gerichtsverhandlung sagte er kein Wort. Er machte nicht einmal Angaben zur Person. Trotzdem wurde er wegen Mordes verurteilt, denn den Schusswaffenexperten war es durch Schussversuche gelungen nachzuweisen, dass der tödliche Schuss mit der Munition und der Pistole, die sich in seinem Besitz befunden hatte, abgefeuert worden war.

Warum er seinen Landsmann in den Rheinauen erschossen hatte, konnte nicht geklärt werden, da der Angeklagte sein Schweigen nie brach.

Dumm gelaufen

Ein mörderischer Plan scheitert an den aufmerksamen Rechtsmedizinern und Schusswaffenexperten

29. Dezember 2001: Die Jäger des Hegerings zwei hatten sich zu einer Treibjagd auf einem der größeren Güter Holsteins eingefunden. Eingeladen hatte der Gutsherr. Als Jagdherr wies er die Jäger in das Jagdrevier ein, beschrieb das zu jagende Wild und die Sicherheitsmaßnahmen. Wie gewohnt verlief die Jagd ohne Zwischenfälle, schließlich waren alle Teilnehmer erfahrene Jäger. Die meisten von ihnen besaßen eigene Reviere. Jeder von ihnen konnte mit der Waffe umgehen. Die Treffsicherheit wurde das ganze Jahr über auf dem Schießplatz des Kreisjagdverbandes geübt und in Wettschießen demonstriert.

Am Abend dieses Tages traf man sich zu einem geselligen Beisammensein, um den Tag bei einem deftigen Essen noch einmal Revue passieren zu lassen. Gegen 23 Uhr verließ der letzte Jäger etwas unsicheren Schrittes das Gutshaus. Der Gutsherr, auch er hatte den alkoholischen Getränken gut zugesprochen, ging in die Küche. Hier lag die Waffe bereit, die er vor dem Schlafengehen noch reinigen wollte. Als Waffennarr war es für ihn undenkbar, das benutzte Gewehr über Nacht ungeputzt liegen zu lassen.

Seine Frau war, nachdem sie das Geschirr abgeräumt und den Abwasch erledigt hatte, schlafen gegangen. Um 24 Uhr 23 klingelte beim diensthabenden Notarzt das Telefon und eine aufgeregte weibliche Stimme meldete einen Unfall und bat ihn, schnell zu kommen.

20 Minuten später war der Arzt auf dem Gutshof angekom-

men. Die Ambulanz traf nur wenige Minuten später ein. Der 15-jährige Sohn öffnete die Tür. Er war so kreidebleich, dass der Arzt befürchtete, er stehe unter Schock. Wortlos führte der Junge den Arzt in die Küche. Hier lag der Gutsherr zwischen Sitzbank, Küchentisch und Küchenherd auf dem Boden. Auf der linken Seite seiner Stirn war deutlich ein rundes Loch zu sehen. Unter seinem Kopf hatte sich eine bereits gerinnende Blutlache gebildet. Zusammen mit den Rettungssanitätern zogen sie den Gutsherrn aus dem engen Raum und betteten ihn bequemer. Obwohl der Arzt keine Erfahrung auf dem Gebiet der Rechtsmedizin hatte, war ihm bewusst, dass die große, aufgerissene Wunde mit dem runden Loch ein Einschussloch sein konnte. Aus den verworrenen Worten der Ehefrau hatte er entnommen, dass ihr Mann sich erschossen hatte. Er musste ihr eine Beruhigungsspritze geben, weil sie durch ihr hysterisches Handeln die Wiederbelebungsmaßnahmen störte. Nach einer Dreiviertelstunde gaben sie auf: Der Gutsherr war definitiv tot. Einer der Rettungssanitäter brachte die Ehefrau ins Schlafzimmer. Dann informierte der Notarzt, wie es bei gewaltsamen Todesfällen üblich war, die Polizei. Da ihn kein anderer Notfall abrief, blieb er vor Ort, bis die Polizei eintraf.

Die beiden Streifenbeamten sahen sich den Tatort genau an und erstatteten Bericht an die Leitzentrale. Dann sicherten sie die Küche gegen unbefugtes Betreten und nahmen die Aussage des Notarztes auf. Anschließend hörten sie den Sohn an. Er konnte nur wenig zur Sache aussagen. Er hatte geschlafen, als er durch einen Schuss geweckt worden war. Dass es sich bei dem Geräusch um einen Schuss gehandelt hatte, wusste er sofort, da er Sportschütze war und seinen Vater oft auf die Jagd begleitet hatte. Er sei sofort in das Schlafzimmer seiner Eltern gestürzt, um seinen Vater zu wecken. Das Schlafzimmer war leer gewesen. Er war daraufhin ins Erdgeschoss in die Wohnräume gelaufen und hatte seine Mutter in der Küche vorgefunden. Sie hatte neben dem Vater gekniet, der auf dem Boden gelegen hatte. Sie hatte ihn angeschrien, er solle sofort den Notarzt anrufen, was er von der Stube aus auch getan hatte. Danach hatte er an der Eingangstür auf den Arzt gewartet. Die Ehefrau war nicht vernehmungsfähig. Wie der Notarzt zu Protokoll gegeben hatte, würde sie nach der Spritze etwa acht Stunden schlafen.

Die Untersuchungen der Kriminalpolizei begannen in den frühen Morgenstunden. Sie fanden die Küche so vor, wie der Notarzt sie verlassen hatte. Niemand konnte sich mehr an die genaue Lage der Leiche erinnern, auch wussten die Streifenbeamten nicht, welche Blutspuren vorhanden gewesen waren, als man den Toten gefunden hatte, und welche Spuren durch die Verlagerung der Leiche entstanden waren. Das Protokoll, das nach den Aussagen des Notarztes angefertigt worden war, gab darüber ebenfalls keine Auskunft – nicht weil die Beamten nicht danach gefragt hatten, sondern weil der Notarzt auf diese für ihn nebensächlichen Dinge nicht geachtet hatte. Die Ausgangslage für die Beantwortung der Frage »Unfall, Selbstmord oder Mord?« war für die Ermittlungsbeamten denkbar ungünstig.

Die spurentechnische Untersuchung der Küche ergab folgendes Bild: Der Grundriss der Küche war rechteckig. Die langen Seiten waren 5,50 Meter lang, die kürzeren 3,50 Meter. In der Mitte jeder Seite gab es eine Türe. Von den längeren Seiten aus führte eine Tür auf die Terrasse und eine in die Diele. Von den kürzeren Seiten ging eine ins Esszimmer und eine in den Hauswirtschaftsraum. Von dort konnte man zur Speisekammer und in die Garage gelangen. An der dem Esszimmer nahe gelegenen Seite stand eine Ecksitzbank, davor ein ausziehbarer Küchentisch mit Resopalplatte. Auf dem Tisch lagen ein Jagdgewehr und daneben ein Revolver der Marke *Smith & Wesson.* Die Läufe beider Waffen zeigten in Richtung Hauswirtschaftsraum. An der Wand auf der gegenüberliegenden Seite befanden sich ein Elektroherd, ein Kohleherd, ein Spülbecken und dazwischen jeweils Arbeitsplatten, die etwa 80 Zentimeter lang waren. Über der Eckbank gab es Hängeschränke und an den anderen Wänden standen Unterschränke. Auf dem Fußboden gab es den schon erwähnten Blutfleck mit einem Durchmesser von 50 Zentimetern. An den Wänden über der Sitzbank war die Wand voller Blutspritzer. Auch der obere Teil der Sitzbank war bespritzt. Die genauere Untersuchung der Spritzer ergab, dass sie aus Blut, Hirnmasse und feinen Knochensplittern bestanden. Die Blutlache, die wahrscheinlich als Erstes entstanden war, war in Richtung der jetzigen Lage der Leiche verschmiert, aber auch hier konnte der Arzt winzige Knochensplitter entdecken. In der Blutlache und in der von ihr wegführenden Verschmierung gab es eine Rinne, die dadurch entstanden sein konnte, dass ein unter der Leiche gelegener Gegenstand beim Bewegen des Körpers mitgeschleift worden war. Die Spur war unregelmäßig und zwischen 5 und 9 Millimeter breit.

Beim Anheben der Leiche entdeckte der Gerichtsmediziner einen verformten Gegenstand, der sich bei genauerer Untersuchung als eine deformierte, besonders an der Spitze stark aufgepilzte Revolverkugel herausstellte. Der Arzt ging davon aus, dass es sich um die Kugel handelte, die den Gutsherrn getötet hatte. Die Kugel war an der linken Stirnseite, 1 Zentimeter über Augenhöhe, in den Schädel eingetreten und war an der gegenüberliegenden Seite wieder ausgetreten. Sie hatte für eine normale Revolverkugel ein verhältnismäßig großes Austrittsloch gerissen. Außer dieser Kugel wurde in der Küche keine Munition gefunden.

Bei der Untersuchung der Waffen auf dem Küchentisch stellten die Beamten fest, dass das Jagdgewehr gereinigt war und der Revolver Schmauchspuren im Rohr zeigte. Außerdem befand sich eine Patronenhülse in einer Kammer. Allerdings verblüffte die Beamten, dass die Patronenhülse sich nicht in der Kammer befand, in der sie nach dem Schuss hätte sein müssen, sondern in der Kammer links daneben.

In der Waffenkammer wurden ein weiteres Jagdgewehr, eine Schrotflinte und eine Pistole, Kaliber 9 Millimeter, sowie verschiedene Sorten Munition gefunden. Die Waffen waren alle ordnungsgemäß angemeldet und die Munition war handelsüblich und für die Waffen geeignet. Die Waffen und die Munition wurden sichergestellt.

Am nächsten Morgen um 9 Uhr konnte die Ehefrau zum ersten Mal zu dem Unglück gehört werden. Ihr Mann sei, so gab sie an, nach dem geselligen Beisammensein, wie er es immer nach dem Jagen tat, in die Küche gegangen, um sein Gewehr zu reinigen. Weil sie bei dem Lärm, den die angeheiterten Herren gemacht hätten, nicht habe schlafen können, sei sie, als die Letzten das Haus verlassen hatten, nach unten gegangen, um nach ihrem Mann zu sehen. Sie habe die Küchentür fast erreicht gehabt, als ein Schuss gefallen sei. Sie sei sofort in die Küche gestürzt und habe ihren Mann auf dem Boden liegen sehen. Sie sei zu ihm gelaufen und habe sich über ihn gebeugt und dabei die große Wunde an der Schläfe gesehen. Gleich darauf sei ihr Sohn gekommen, dem sie zugerufen habe, er solle sofort den Notarzt rufen.

Sie wurde angewiesen, am Nachmittag um 16 Uhr zur Unterzeichnung des Protokolls ins Polizeipräsidium zu kommen. Da es für die Beamten in ihrer ersten Anhörung einige Unstimmigkeiten gab, wurde sie erneut vernommen. Diesmal gab sie an, dass sie den Schuss gehört habe, als sie noch auf der Treppe gewesen sei. Mit der ersten Aussage konfrontiert, bemerkte sie, dass sie am Morgen noch unter Einfluss des Beruhigungsmittels gestanden habe und nicht gewusst habe, was sie sagte. Die zweite Aussage sei auf jeden Fall richtig.

Aber auch diese Aussage war widersprüchlich. Hier ein Auszug aus dem Protokoll:

Frage:	»Wo befand sich der Revolver, als sie in die Küche stürzten?«
Antwort:	»Weiß ich nicht.«
Frage:	»Sie müssen ihn doch gesehen haben. Wenn nicht beim Betreten der Küche, dann doch, als sie zu Ihrem

Mann gingen und dort, nach Ihren Worten, niederknieten. Hatte Ihr Mann den Revolver in der Hand oder lag der neben seiner Hand auf dem Boden?«

Antwort: »Ja, jetzt erinnere ich mich wieder. Er lag neben seiner Hand.«

Frage: »Können Sie die Lage etwas genauer beschreiben? Lag er rechts neben der Hand oder links daneben und wie weit lag er entfernt?«

Antwort: »Ich glaube, er lag links neben seiner Hand, nicht weit weg, vielleicht 5 Zentimeter, aber genau kann ich es Ihnen nicht sagen.«

Frage: »Wie erklären Sie sich, dass der Notarzt ausgesagt hat, dass ihr Mann, als er eintraf, auf der Seite lag und sich seine rechte Hand unter dem Körper befand?«

Längere Pause.

Antwort: »Das kann nicht sein, da muss der Arzt sich geirrt haben.«

Frage: »Wie kam die Waffe auf den Tisch?«

Antwort: »Ich habe sie dort hingelegt.«

Frage: »Warum?«

Antwort: »Weiß ich nicht, muss wohl unbewusst geschehen sein. Sie wissen doch, wie das so ist, man sieht etwas, was da nicht hingehört, und hebt es automatisch auf, ohne nachzudenken.«

Frage: »Wie können Sie sich dann erklären, dass wir keine Fingerabdrücke von Ihnen auf der Waffe gefunden haben?«

Pause.

Antwort: »Keine Ahnung! Ich kann es mir nicht erklären.«

Frage: »Gut, lassen wir das für den Augenblick. War Ihr Mann depressiv? Hat er mit Selbstmordgedanken gespielt? Hat er Medikamente gegen Depressionen genommen oder war er deswegen in ärztlicher Behandlung?«

Antwort (empört):	»Was denken Sie, mein Mann war völlig gesund. Er hat nie Medikamente gegen Depressionen verschrieben bekommen oder genommen. Ich muss es wissen, denn ich habe immer alle Medikamente besorgt und wenn mein Mann welche verschrieben bekommen hatte, habe ich sie ihm gegeben. Er selbst hätte es mit Sicherheit vergessen.«
Frage:	»Hat er Medikamente genommen?«
Antwort:	»Ja, zwei Medikamente gegen hohen Blutdruck.«
Frage:	»Hat er sie auch gestern eingenommen?«
Antwort:	»Ja, ich hab sie ihm gegeben.«
Frage:	»Wann?«
Antwort:	»Wie gewöhnlich, zum Frühstück.«
Frage:	»Wie würden Sie Ihr Familienleben beschreiben?«
Antwort:	»Wir sind – wir waren eine glückliche Familie. Es gab keine Sorgen, weder finanzielle noch mit unserem Sohn. Es gab auch keine Unstimmigkeiten zwischen meinem Mann und mir.«

Die Frau beginnt heftig zu weinen.

Abbruch des Verhörs.

Bevor die Witwe entlassen wurde, musste sie ihre Hände auf Schmauchspuren untersuchen lassen. Die Ruß- und Pulverteilchen, die bei einem Schuss aus dem Revolver geschleudert werden, setzen sich bei dem Schützen in der Hand fest und sind auch nach einer Handwäsche noch nachweisbar.

In der Rechtsmedizin konzentrierten sich die Untersuchungen auf die Schusswunde. Da der Schuss die Schläfe getroffen hatte, entsprach das Einschussloch bis auf eine minimale Abweichung der Größe der Kugel: Kaliber 38 oder 9 Millimeter Durchmesser. Die Waffe, aus der der Schuss abgegeben worden war, war eine *Smith & Wesson*, Modell 10, ein Revolver mit einer Trommel für sechs Schuss.

Um die Entfernung, aus der ein Schuss abgegeben wurde, zu bestimmen, müssen die Abläufe eines Schusses nach der Zündung und die Auswirkungen auf den zu treffenden Gegenstand genau berücksichtigt werden. Zuerst schießt die Flamme aus dem Rohr, gefolgt von Rauch, dann die Kugel und zuletzt eine Wolke aus Rauch und Partikeln von verbrannten und nicht verbrannten Pulverteilchen. Je nachdem, wie weit die Waffe von einem Körper entfernt abgefeuert wird, desto mehr oder weniger ausgeprägt sind die verschiedenen Phasen auf dem getroffenen Körper zu erkennen. Da die unterschiedlichen Handfeuerwaffenmodelle und Patronen unterschiedliche Effekte erzeugen, müssen zu einer genauen Bestimmung der Entfernung von Waffe und Objekt Vergleichsschüsse abgegeben werden.

Diese Leiche hatte auf der linken Stirnseite eine große, wie ein Stern aussehende Wunde mit zerrissenen Rändern. Die Wundränder waren verbrannt und teilweise verkohlt. Die ganze Wunde machte einen verschmutzten Eindruck. Das deutete darauf hin, dass die Waffe bei Auslösen des Schusses auf die Stirn aufgesetzt war. Die herausschießende Flamme und die heißen Gase hatten die Haut um die Einschussstelle herum verkohlt. Die Gase mit dem Rauch und den Pulverpartikeln hatten sich, da sie durch den auf die Stirn aufgesetzten Lauf nicht entweichen konnten, zwischen Schädel und Haut ausgedehnt. Der Druck, der durch die Gaswolke unter der Haut entstanden war, hatte die Haut zerrissen. Dabei hatten sich die Ruß- und Pulverpartikel in der Wunde abgesetzt und diese »schmutzig« aussehen lassen Die Diagnose »Aufgesetzter Schuss« wäre für den Rechtsmediziner eindeutig gewesen, wäre da nicht das große Austrittsloch gewesen. Normalerweise ist das Austrittsloch bei auf dem Schädel oder auf Knochen aufgesetzten Schüssen kleiner als das Einschussloch. Hier aber war es genau umgekehrt und das gab dem Mediziner zu denken.

Um den Schusswinkel zu bestimmen, schob der Arzt vorsichtig einen Metallstab durch den Schusskanal. Der Schuss war fast waagerecht erfolgt: Der Neigungswinkel zwischen Ein- und Austritts betrug nur zwei Grad. Nach den bisherigen Erkenntnissen konnte ein Unfall ausgeschlossen werden. Niemand würde sich eine Waffe beim Reinigen versehentlich an den Kopf setzen und abdrücken. Zwar war es möglich, dass jemand vergaß, alle Patronen aus einem Lauf zu nehmen, und während des Reinigens den Abzug betätigte, doch dann hätte sich die Waffe in einer anderen Position befunden und wenn der Schuss den Kopf getroffen hätte, dann wäre der Schusskanal von unten nach oben verlaufen.

Für einen Selbstmord sprach, dass die Mündung des Revolvers gegen die Stirn gesetzt worden war. Der Schusskanal sprach jedoch dagegen, zumindest war er ungewöhnlich. Bei dem gemessenen Neigungswinkel hätte der Schütze die Hand nach oben abgewinkelt halten müssen – was zwar möglich, aber nicht sehr wahrscheinlich war. Normal wäre es gewesen, wenn der Schuss von unten nach oben verlaufen wäre. Ein weiterer Aspekt, der gegen einen Selbstmord sprach, war, dass der Rechtsmediziner an der Hand des Toten keine Schmauchspuren finden konnte. Hätte er selbst geschossen, dann hätten Schmauchspuren an der Hand sein müssen. Und noch eine Tatsache galt es bei der Beurteilung der Tötungsart zu berücksichtigen: Der Revolver, aus dem der Schuss abgefeuert worden war, hatte auf dem Tisch gelegen. Bei einem Selbstmord hätte er entweder in der Hand des Toten oder auf dem Boden neben dem Toten liegen müssen. Die Aussage der Ehefrau, sie habe den Revolver auf den Tisch gelegt, klang für den Mediziner wenig glaubwürdig, denn dann hätten ihre Fingerabdrücke auf der Waffe sein müssen. Gefunden worden waren aber nur die des Toten.

Blieb nur noch die letzte Tötungsart übrig – Mord. Dafür sprach der Einschusswinkel. Wenn das Opfer auf der Küchenbank gesessen und der Täter vor ihm gestanden hatte, dann musste der Täter etwa mittelgroß gewesen sein, so wie zum Beispiel die Ehefrau. Doch an der Hand der Ehefrau gab es keine Schmauchspuren. Folglich konnte sie nicht geschossen haben. Auf der anderen Seite konnte davon ausgegangen werden, dass der Täter dem Opfer bekannt gewesen war, sonst wäre der Täter sicher nicht so dicht an das Opfer herangekommen, ohne dass dieses Abwehrreaktionen gezeigt hätte. Auch dass die Trommel sich nach dem Schuss um ein Loch weitergedreht hatte, war ein Indiz für einen Mord, denn nur eine weitere Person wäre in der Lage gewesen, das zu tun.

Und so blieb nur noch der Sohn als Verdächtiger übrig. Die Größe stimmte zwar, doch war er nach eigener Aussage erst durch den Schuss geweckt worden und hatte die Küche nach der Aussage seiner Mutter nach ihr betreten. Mit diesen Überlegungen wurde der Schädel geöffnet und die Schussbahn genau untersucht. Die Kugel war durch den oberen Teil des Gehirns gedrungen und hatte unverhältnismäßig großen Schaden angerichtet. Das Gewebe war weiträumig zerrissen. In dem Gewebe fand der Rechtsmediziner Ablagerungen von Öl. Mikroskopische Untersuchungen, die der Arzt später vornahm, bestätigten, dass sie mit dem Öl aus dem Rohr des Revolvers übereinstimmten. Die Kugel hatte beim Durchlaufen des Rohres Ölteilchen, mit denen das Rohr gegen Rost geschützt worden war, mitgerissen und im Gewebe abgestreift. Ein durchaus normaler Vorgang. Aber der Pathologe fand bei der Untersuchung des Gehirngewebes unter dem Mikroskop noch etwas: winzige Metallteile mit scharfen Kanten. Da er sie nicht näher bestimmen konnte, bat er den Experten für Schusswaffen und einen Experten für Metallurgie um Unterstützung.

Sie fanden heraus, dass es sich bei den Teilen um einen Metallabrieb von der Kugel handelte. Die Teile waren nicht von der

Kugel, nachdem sie sich bei dem Aufprall auf den Schädel stark verformte, abgebrochen, sondern, da waren sich beide Experten einig, mit einem scharfen Gegenstand abgetrennt worden. Bei dem Gegenstand konnte es sich um eine Feile handeln. An der verformten Kugel gab es an der Stelle, wo die Spitze gesessen haben musste, gut sichtbare Rillen. Rillen, wie sie eine feine Metallfeile verursachen konnte. Versuche an unbenutzten Kugeln zeigten ähnliche Spuren und die Feilspäne wiesen die gleichen charakteristischen Merkmale auf, wie die im Gehirngewebe des Toten gefundenen. Die Experten kamen übereinstimmend zu dem Schluss, dass jemand, wahrscheinlich der Täter, die Spitze der tödlichen Kugel abgefeilt hatte und dass Feilspäne an der Kugel haften geblieben und dann im Gewebe abgestreift worden waren.

Dem Rechtsmediziner erklärte die veränderte Kugel auch die großen Verletzungen entlang der Schussbahn sowie die große Austrittswunde. Durch das Abfeilen der Spitze hatte sich die Kugel beim Aufprall wesentlich stärker aufgepilzt, als es ein normales Geschoss getan hätte, und dadurch hatte sie im Körper auch wesentlich größere Schäden angerichtet. Der Grund für die Veränderungen, die an der Kugel vorgenommen worden waren, war sowohl dem Mediziner als auch den Experten klar: Der Täter war davon ausgegangen, dass er nur einen einzigen Schuss abgeben konnte. Dieser musste tödlich sein. Um sicherzugehen, dass er das auch sein würde, musste die Kugel eine möglichst große Wunde reißen. Die Schlussfolgerung hieraus war: Bei dem Tötungsdelikt handelte es sich um vorsätzlichen Mord.

Die Kriminalpolizei war nicht untätig gewesen. Sie hatte inzwischen die Verwandten des Gutsherrn und seine Jagdkameraden vernommen. Dabei stellte sich heraus, dass das Familienleben längst nicht so harmonisch gewesen war, wie es die Ehefrau geschildert hatte. Die Schwester des Toten sagte aus, dass es zwischen den Eheleuten schon seit längerer Zeit Spannungen gegeben habe. Andeutungen zufolge sollte ihr Bruder mit dem Gedanken gespielt haben, sich von seiner Frau zu trennen. Konkrete Pläne schien er dafür jedoch noch nicht gehabt zu haben. Er machte sich Sorgen darüber, was nach einer Trennung aus seinem Sohn werden würde.

Aus dem Kreis der Jäger wurde die Aussage der Schwester bestätigt. Die Beamten erfuhren, dass die Ehefrau einen Jagdschein besaß und mit Waffen umgehen konnte und dass die Jäger den Gutsherrn nie mit einem Revolver auf der Jagd gesehen hätten. Die Ehefrau übte allerdings ihr Recht zu jagen nicht aus. Neu war es für die Beamten auch, dass es unter den Jägern ein offenes Geheimnis war, dass die Ehefrau ein Verhältnis mit einem Arzt aus Lübeck hatte. Ob der Ehemann davon wusste, konnte keiner der Jäger mit Sicherheit sagen. In seiner Gegenwart war über dieses Thema nie gesprochen worden. Da einer der Jäger sich das Nummernschild des Autos gemerkt hatte, in dem er die Frau des Gutsbesitzers zusammen mit dem Arzt gesehen hatte, war es für die Polizei ein Leichtes, den Liebhaber zu ermitteln. Es war ein Frauenarzt, der seine Praxis in der Innenstadt von Lübeck hatte.

Auf sein Verhältnis zur Ehefrau des Gutsbesitzers angesprochen, gab er an, dass sie seine Patientin und gleichzeitig eine gute Freundin sei. Eine Liebschaft im Sinne eines sexuellen Verhältnisses habe es jedoch nicht gegeben.

Die Erkenntnisse aus der Obduktion zusammen mit den Ergebnissen der polizeilichen Ermittlungen überzeugten die Staatsanwaltschaft, dass hier ein Verbrechen vorlag und dass es genügend belastendes Material gegen die Ehefrau des Getöteten gab, um Anklage wegen Mordes zu erheben. Ein Haftbefehl wurde ausgestellt und die Ehefrau festgenommen. Gleichzeitig wurde eine Hausdurchsuchung vorgenommen. Hierbei fanden die Beamten einen Latexhandschuh, an dem Schmauchspuren festgestellt wurden. Im Innern des Handschuhs konnten Fingerabdrücke sichergestellt werden. Sie stimmten mit denen der Ehefrau überein.

Die Ehefrau blieb bei allen Vernehmungen und auch später bei der Gerichtsverhandlung dabei, dass der Tod ihres Mannes ein Unfall gewesen sein musste. Das Gericht schloss sich in der Beurteilung des Falles jedoch der Version der Staatsanwaltschaft an. Die Ehefrau habe, um nicht geschieden zu werden, den Mord an ihrem Mann geplant. Sie habe auch die Patrone präpariert, damit sie eine tödliche Verletzung verursachen würde. Am Abend des Jagdtages habe sie nach dem Abwasch im gemeinsamen Schlafzimmer darauf gewartet, bis ihr Mann in die Küche ging, um wie gewöhnlich seine Waffe zu reinigen. Sie sei dann heruntergegangen, habe den Revolver aus dem Waffenschrank genommen, ihn mit der vorbereiteten Patrone geladen und sei dann in die Küche gegangen. Zuvor habe sie sich einen Latexhandschuh übergezogen, um ihre Hand vor den Schmauchspuren zu schützen. In einem geeigneten Augenblick habe sie ihrem Mann den Revolver an den Kopf gesetzt und abgedrückt. In der Aufregung müsse sie den Abzug zweimal betätigt und so die abgeschossene Patronenhülse um eine Position weiter gedreht haben. Danach habe sie den Revolver auf den Tisch gelegt. Als ihr Sohn erschienen war, habe sie ihn aufgefordert, den Notarzt zu rufen.

Die Ehefrau wurde wegen Mordes zu einer lebenslangen Freiheitsstrafe verurteilt. Das Urteil wurde nach einem Revisionsantrag der Verteidigung von der nächsthöheren Instanz bestätigt.

Erschossen, zerhackt, gefressen, rekonstruiert, identifiziert

Ein Meisterwerk der Forensik

Jim Baker zuckelte mit seinem Pick-up die Schotterstraße zum Darling River hinunter. Heute hatte er seit mehreren Wochen zum ersten Mal wieder Zeit gefunden, seinem Lieblingssport nachzugehen. Er hatte den Fluss schon fast erreicht, als er im Gebüsch ein in Zeitungspapier eingewickeltes Paket sah. Er hätte es nicht weiter beachtet, wenn das Papier nicht zerrissen gewesen wäre und einen Blick auf das Skelett einer menschlichen Hand freigegeben hätte. Zuerst wollte er nicht glauben, was er sah, doch dann hielt er seinen Pick-up an, stieg aus und ging zu dem Busch zurück, in dem er das Paket hatte liegen sehen. Es war tatsächlich das Knochengerüst einer Hand. Er brach einen Stock vom Busch und schob das Papier weiter auseinander. Was er sah, waren die Knochen eines am Ellenbogen abgetrennten Armes, an dem die Haut an einigen Stellen lose herunterhing.

Nachdem er den ersten Schrecken überwunden hatte, meldete er den Fund über sein Handy der Polizei in Bourke. Die wies ihn an, am Fundort zu warten, bis ein Streifenwagen eintreffen würde. Er verfluchte, dass er das Paket gefunden und dann auch noch gemeldet hatte, denn damit war sein Angelausflug für heute beendet.

Der Streifenwagen war nach einer halben Stunde am Fundort. Jim führte die Beamten zu dem Paket. Von da lief die Polizeiarbeit nach vorgegebenem Schema ab, wie überall auf der Welt. Die Kriminalpolizei, der Rechtsmediziner und die Experten von der Spurensicherung übernahmen den Fall. Viel war am Fundort nicht festzustellen, außer dass an der Hand alle Fingerkuppen fehlten. Sie waren sauber nach dem ersten Glied abgetrennt worden.

Für den nächsten Tag wurde eine groß angelegte Suchaktion an beiden Seiten des Flusses geplant. Die leitenden Beamten gingen davon aus, dass man noch weitere Körperteile finden würde. Und sie sollten recht behalten. Bei der Suchaktion wurden fünf Pakete gefunden. Da die Leiche immer noch nicht vollständig war, wurde die Bevölkerung über den lokalen Rundfunk- und Fernsehsender aufgefordert, nach in Zeitungspapier eingewickelten Paketen Ausschau zu halten und einen solchen Fund, ohne ihn zu berühren, der nächsten Polizeistation zu melden. Daraufhin gingen in den nächsten drei Wochen weitere fünf Pakete bei dem Rechtsmediziner Dr. Kitscher ein.

Auf seinem Obduktionstisch lag jetzt eine Leiche, die aus zehn Einzelteilen (Kopf, Rumpf, linker und rechter Oberarm, linker und rechter Unterarm mit Handgelenk und Hand, linker Fuß, linker und rechter Unterschenkel und rechter Oberschenkel) zusammengesetzt war. Die beiden fehlenden Teile wurden nie gefunden. Dass alle Leichenteile zu derselben Person gehörten, hatte er zuvor mit Hilfe von DNA-Analysen sichergestellt. Der Zustand der einzelnen Teile war recht unterschiedlich: Die meisten Stücke waren – bis auf ein paar Hautfetzen – skelettiert. An einem Unterarm und an dem Torso befanden sich noch größere Stücke von Gewebefasern und Haut. Was schon beim ersten Fund aufgefallen war, wurde auch bei der anderen Hand und dem linken Fuß festgestellt: Es fehlten jeweils die ersten Glieder. Für Dr. Kitscher bestand kein Zweifel: Der Täter wollte es unmöglich machen, dass der Tote durch Finger- oder Fußabdrücke identifiziert wurde. Deshalb hatte er die ersten Glieder entfernt. Wahrscheinlich war er davon ausgegangen, dass die Pakete entdeckt werden konnten, bevor Verwesung und Tierfraß die Abdrücke zerstört hätten. Alle Leichenteile waren sorgfältig voneinander getrennt worden.

Auf ähnliche Weise war auch der Schädel entstellt worden. Die Augen waren herausgestochen worden – das schloss der Pathologe aus den Kratzern, die an den Knochen zu sehen waren – und auch die Nasenspitze hatte der Täter abgeschnitten. Im Oberkiefer fehlten vier Backenzähne sowie zwei Backenzähne, ein Eckzahn und ein Schneidezahn im Unterkiefer. Inwieweit noch andere Teile des Kopfes entstellt worden waren, das konnte Dr. Kitscher nicht mehr feststellen, da es sich dabei ausschließlich um entfernte Gewebeteilen handeln konnte, und diese waren durch die Verwesung ohnehin zerstört.

Die Todesart hatte der Rechtsmediziner bald ermittelt: Im Rückgrat stecke eine Kugel vom Kaliber 22 (etwa 6 Millimeter). Er verlängerte die Lage der Kugel durch einen Stab, um den Schusskanal und den Einschusswinkel festzustellen. Das Ergebnis war Folgendes: Die Kugel musste das Herz durchschlagen haben und war, ohne eine Rippe zu berühren, in die Wirbelsäule eingedrungen und dort stecken geblieben. Der Einschusswinkel betrug 15 Grad. Nach Dr. Kitschers Auffassung war es ein grober Fehler des Täters gewesen, dass er die Kugel nicht entfernt hatte. Sie war gut erhalten und konnte den Täter über die Waffe, die allerdings erst gefunden werden musste, entlarven.

Das Geschlecht der Leiche war weiblich. Die gut erhaltenen Beckenknochen ließen keinen anderen Schluss zu. Die Altersbestimmung bereitete mehr Probleme und ließ sich nur auf einen Zeitraum von etwa zehn Jahren einengen. Da sich am Schädel die Nähte zwischen den einzelnen Schädelpartien nahezu vollständig geschlossen hatten, was gewöhnlich bis zum 40. Lebensjahr geschieht, und in einzelnen Gelenken Anfänge einer Arthrose festgestellt worden waren, legte Dr. Kitscher das Alter auf »40 plus minus fünf Jahre« fest. Die Größe der Frau konnte er anhand der langen Beinknochen ermitteln. Die Gesamtgröße einer Person steht in einem bestimmten Verhältnis zur Länge dieser Knochen und kann aus anthropologischen Tabellen entnommen werden. Nach seinen Berechnungen musste die Frau etwa 1,68 Meter groß gewesen sein.

Da die Gelenke an der rechten Hand Anzeichen von Arthrose zeigten, an der linken jedoch nicht, konnte er logischerweise daraus schließen, dass die rechte Hand mehr beansprucht worden war als die linke. Die Frau war mit hoher Wahrscheinlichkeit Rechtshänderin gewesen. Am schwierigsten gestaltete sich die Ermittlung der Rasse. Hierbei brauchte man viel Erfahrung. Der Rechtsmediziner konnte Aussagen hierzu auch nur mit einer gewissen Genauigkeit machen. Für Dr. Kitscher bedeutete dies, dass er zu 70 Prozent richtig und zu 30 Prozent falsch liegen konnte. – Der Schädel der Leiche war mehr schmal als rund und der Kinnknochen kräftig ausgeprägt. Dies sind Merkmale, wie man sie im Allgemeinen bei Weißen findet. Asiatische Schädel zeigen dagegen stärker vorstehende Wangenknochen. Im vorliegenden Fall bestimmte er die Frau als Weiße.

Den wahrscheinlichen Todeszeitraum konnte er quasi ablesen. Die Tageszeitungen, in denen die Leichenteile eingewickelt waren, stammten aus der Zeit zwischen dem 14. und 18. April. Gleichzeitig hatte es in diesem Gebiet seltene Regenperioden gegeben, die den Darling über die Ufer hatten treten lassen. In Bourke begann das Hochwasser am 12. April und es endete am 14. April. Da die Leichenteile an Stellen gefunden worden waren, an die sie nur mit dem Hochwasser gekommen sein konnten, war es gerechtfertigt, den Todestag auf den 13., vielleicht auch den 12. April, auf keinen Fall aber später als den 14. April zu legen.

Zusammenfassend ergab Dr. Kitschers Obduktion, dass es sich bei der Leiche um eine weiße, etwa 1,68 Meter große Frau von etwa 40 Jahren gehandelt haben musste, die Rechtshänderin gewesen war.

Mit diesen Informationen glaubte die Kriminalpolizei, die Identität der Leiche zügig ermitteln zu können. Sie forschte in ihren Unterlagen nach Personen, die in dem angegebenen Zeitraum als vermisst gemeldet worden waren. Zu ihrer Verblüffung gab es keine Vermisstenmeldung, deren Beschreibung auch nur annähernd passte, ja, im ganzen Staat New South Wales gab es keine passende Vermisste.

Als die Kriminalbeamten mit der Identifizierung nicht weiterkamen, schlug Dr. Kitscher vor, das Gesicht der Frau zu rekonstruieren. Der Pathologe war sich bewusst, dass es trotz aller verfügbaren technischen Daten sehr schwierig werden würde, ein Gesicht zu erstellen, in dem Freunde und Bekannte die Frau auch tatsächlich wiedererkennen würden. Da aber die anderen Identifizierungsmethoden keinen Erfolg gehabt hatten, erschien es sinnvoll, es einfach zu versuchen. Zu verlieren hatte man ja nichts.

Zwei Faktoren beeinflussten Dr. Kitschers Entscheidung über das weitere Vorgehen: Zum einen war er zwar ein guter Pathologe, aber ein schlechter Künstler. Für die Rekonstruktion des Kopfes benötigte er die Unterstützung eines Bildhauers. Zum anderen durfte diese Unterstützung nicht viel kosten – Sparmaßnahmen waren schuld daran. Deshalb kam ihm die Idee, das Projekt von Kunststudenten ausführen zu lassen. Er rief bei der Kunstakademie in Sydney an und trug der verantwortlichen Professorin sein Anliegen vor. Diese war begeistert. Sie wollte ihrer Abschlussklasse die Aufgabe stellen.

Dr. Kitscher flog daraufhin nach Sydney und wies die Professorin und die Studenten in die Aufgabe ein. Für ihn war es wichtig, dass jeder Student selbstständig anhand der vorgegebenen Daten an einem Kopf arbeitete. Der Grund hierfür war, dass er herausfinden wollte, welche unterschiedlichen Gesichtsausdrücke die Studenten der Frau geben würden. Normalerweise wurden Nachbildungen des Gesichtsausdruckes nach Fotografien gefertigt. Hier aber gab es nichts – außer einem Schädel und ein paar langen Haaren, die noch am Schädel hafteten.

Vorgeben konnte er den Studenten den Schädel, von dem ein Gipsabdruck genommen werden sollte. Für jeden Studenten würde ein solcher »Rohling« angefertigt werden. Der Schädel stand den Studenten als Muster auch weiterhin zur Verfügung, denn man konnte am Knochen zum Teil noch erkennen, wo die Hautmuskelstränge angesetzt hatten. Daraus konnten die Studenten Rückschlüsse auf die Lage und Stärke der Muskelstränge ziehen. Für die Bestimmung der Nasenbreite hätten sie zwar auch die Rohlinge nehmen können, doch Dr. Kitscher glaubte, dass das Vermessen am Original genauer wäre. Die Nasenbreite beträgt etwa zwei Drittel des Durchmessers der größten Nasenöffnung in Längsrichtung. Weiter bekamen die Studenten eine Tabelle, die die durchschnittliche Gewebestärke der verschiedenen Gesichtspartien enthielt. Die Daten waren durch Vermessen vieler lebender Personen unterschiedlichsten Alters ermittelt worden. Und ihnen wurde eine Beschreibung der Frau zur Verfügung gestellt, soweit die Daten von den Leichenteilen abgeleitet werden konnten. Besonders wichtig war, dass die Frau zu Lebzeiten schlank gewesen sein musste, denn in den Geweberesten, die Dr. Kitscher am Torso gefunden hatte, war der Anteil an Fettzellen sehr gering gewesen. Die Pupillengröße legte er auf 25 Millimeter fest, ebenfalls ein gemessener Durchschnittswert. Bei Hautfarbe sollte von einem sonnengebräunten Teint ausgegangen werden. Haare durften nicht moduliert werden, hierfür wollte er verschiedene Perücken verwenden.

Nach vier Wochen standen die Ergebnisse vor ihm: Es waren sieben Köpfe. Alle hatte die gleiche Kopfform, doch vier Köpfe unterschieden sich wesentlich durch ihren Gesichtsausdruck. Drei Köpfe waren einander eher ähnlich. Ob eines dieser Modelle die Gesichtszüge der Toten getroffen hatte, konnte Dr. Kitscher nicht sagen, das würde sich erst später herausstellen.

Mit den Tonköpfen suchte er einen Damenfrisör auf, der auch Perücken verkaufte. Von ihm lieh er sich verschiedene Perücken in der Haarfarbe und der Haarlänge der Toten aus. Dann fuhr er zu einem bekannten Porträtfotografen und ließ alle mit allen Perücken so lebendig wie möglich aufnehmen. Der Fotograf ließ zuvor die leblos wirkenden Köpfe von einer Visagistin behandeln. Die Aufnahmen, die er dann mit unterschiedlichem Licht sowie Farbreflexen und Blenden anfertigte, verblüfften den Pathologen. Wenn man einmal von dem starren Blick der Kunststoffaugen absah, hätte man sie für Fotografien von lebenden Personen halten können.

Zurück in Bourke, suchte Dr. Kitscher sich die vier Gesichter mit dem unterschiedlichsten Ausdruck aus und gab sie der Polizei zur Veröffentlichung in der Zeitung. Seine Aufgabe war getan. Die Lösung der weiteren Probleme war Sache der Strafverfolgungsbehörde. Die Staatsanwaltschaft gab die Bilder zur Veröffentlichung in der Presse und im Fernsehen frei. Die Resonanz in der Bevölkerung war gewaltig, zumal der Fall des Schlächters von Bourke in der Bevölkerung in den vergangenen Wochen und Monaten für heftige Diskussionen gesorgt hatte. – Immer wieder wurde in den Medien die Frage gestellt: Was tut eigentlich die Polizei, um den Fall aufzuklären?

Über fünfzig Hinweise gingen von Personen ein, die die Frau irgendwo gesehen haben wollten. Einige waren konkret, es wurde angegeben, wo die Frau wohnte, andere wiederum gaben Namen von Männern an, die mit ihr befreundet sein sollten. Manche wollten auch nur wissen, wie hoch die Belohnung für die Identifizierung der Frau sei. Außerdem bekam die Polizei auch Angebote von einem Wahrsager und von einer Kartenlegerin, die mit ihren Methoden helfen wollten, den Täter zu finden. Sah man einmal von den letzten beiden Angeboten und den Anfragen nach Belohnung ab, so mussten die Beamten über vierzig Hinweisen nachgehen. Manchmal mussten sie den betreffenden Informanten mehrere Male aufsuchen, weil sie ihn zuvor nicht angetroffen hatten.

Nach einer 14-tägigen Tag- und Nachtarbeit hatten sie den Spreu vom Weizen getrennt und zehn Hinweise herausgearbeitet, die es wert waren, dass man ihnen weiter nachging. Drei davon konnten als heiße Spur gelten, weil sie übereinstimmende Elemente enthielten.

Einer der Hinweise stammte von dem Wirt des *Youth Hostel,* einer preisgünstigen Herberge in der Nähe des *Darling Hotel.* Diese wurde in der Regel von allein reisenden jungen Menschen, in der Regel Rucksacktouristen, aufgesucht. Nach Angaben des Wirtes war eine Frau mit ähnlichem Aussehen am 11. April bei ihm eingetroffen und hatte das Hotel am 13. April morgens um 7 Uhr wieder verlassen. Eine Frau gab an, dass sie eine Frau, die dem dritten Bild in der Zeitung ähnele, am 11. April abends in einer Cafeteria gesehen habe. Sie sei in Begleitung eines Mannes gewesen. Ein anderer Gast derselben Cafeteria gab an, die Frau am 12. April gegen 19 Uhr dort essen gesehen zu haben. Sie sei vor ihm mit einem Mann weggegangen.

Zwei Beamte der Kriminalpolizei suchten die drei Zeugen auf. Die wichtigsten Ergebnisse für die weiteren Ermittlungen waren:

- Die Frau hieß Margit Sörensen und stammte aus Kopenhagen.
- Sie war allen drei Zeugen zufolge 40 Jahre alt.
- Sie hatte sich mit einem etwa gleichaltrigen Mann getroffen.
- Der Mann war Australier und dem Personal in der Cafeteria bekannt. Er war hier öfter Gast, kam etwa drei- bis viermal die Woche zum Essen.

Die Kriminalpolizei ließ die Cafeteria daraufhin innen durch einen Beamten in Zivil und außen durch Streifenpolizisten bewachen. Außerdem wendete sie sich an die Polizei von Kopenhagen und bat um Überprüfung der im *Youth Hostel* angegeben Adresse und um elektronische Übermittlung eines Bildes und der Fingerabdrücke der betreffenden Person. Die Antwort aus Kopenhagen kam zuerst: Margit Sörensen lebte unter der angegebenen Adresse. Nach Aussage ihrer Nachbarn war sie vor längerer Zeit nach Australien geflogen, um dort einen längeren Urlaub zu machen und einen Bekannten zu besuchen. Die Fotografie, die per E-Mail kam, ähnelte stark Bild Nummer drei.

Der Mann wurde zwei Tage später in der Cafeteria festgenommen und ins Präsidium gebracht. Bei seiner Vernehmung gab er zu, Margit Sörensen zu kennen und sich mit ihr getroffen zu haben. Er hatte sie bei einem Urlaub im Jahr zuvor in einer Tanzbar in Kopenhagen kennengelernt und sie nach Australien eingeladen. Er hatte nicht damit gerechnet, dass er sie jemals wiedersehen würde. Als sie ihn dann zu Hause angerufen hatte, war er nicht nur überrascht, sondern auch in einer unangenehmen Situation gewesen, denn seine Lebensgefährtin wusste nichts von seiner Bekanntschaft. Da sie sehr eifersüchtig war, hatte er sich mit seinem Besuch in der Cafeteria verabredet. Er aß hier, wenn seine Lebensgefährtin Nachtschicht hatte. Sie war Krankenschwester am hiesigen Hospital. Um Margit Sörensen von sich abzulenken, hatte er einen Arbeitskollegen gebeten, sich um sie zu kümmern. Nach dem Treffen am 12. April hatte er sie nicht mehr gesehen und angenommen, sie sei weitergereist, was sie auch vorgehabt hatte.

Die Polizei nahm in seiner Wohnung eine Hausdurchsuchung vor, konnte aber keine Spuren entdecken, die auf eine Gewalttat hindeuteten. Es gab weder Blutspuren noch Fingerabdrücke, die mit denen von Margit Sörensen identisch waren. Auch Waffen wurden nicht gefunden.

Parallel zu der Hausdurchsuchung suchte man den Bekannten auf. Die Beamten trafen ihn weder auf seiner Arbeitsstelle noch zu Hause an. Seine Nachbarn und die Arbeitskollegen sagten übereinstimmend aus, dass sie ihn seit dem 20. Oktober nicht mehr gesehen hätten. Das war das Datum, an dem in der Zeitung zum ersten Mal die Fotografien der Toten veröffentlicht worden waren. Der Mann wurde zur Fahndung ausgeschrieben wegen des Mordverdachts an Margit Sörensen.

In seinem Haus in der Küche fanden die Beamten Spuren von Blut und auch Fingerabdrücke der Toten. Die DNA-Analyse des Blutes stimmte mit der DNA der Leiche überein. Es vergingen über drei Monate, bevor die Fahndung Erfolg hatte: Eine Polizeistreife griff den Mann in der Nähe von Alice Springs auf.

Er war mit seinem Jeep auf einer Schotterstraße liegen geblieben und hatte über Handy um Hilfe gebeten. In seinem Besitz befand sich eine Pistole, Kaliber 22. Schussversuche ergaben, dass die tödliche Kugel aus seiner Waffe stammte. Bei seiner ersten Vernehmung legte er ein Geständnis ab. Die Vernehmungsbeamten hatten das Gefühl, er sei dankbar, dass die Flucht nun vorbei war.

Seiner Aussage zufolge hatte er Margit Sörensen am 11. April abends kennengelernt. Sie hatten sich auf Anhieb gemocht und Margit Sörensen war schon am ersten Abend mit ihm nach Hause gegangen. Für den nächsten Abend hatten sie sich wieder verabredet. Sie hatte viel Alkohol getrunken und herumgealbert. Aus irgendeinem Grund hatte er ihr seine Waffensammlung gezeigt. Dabei hatte Margit Sörensen die Pistole genommen und damit herumgefuchtelt. Er hatte versucht, ihr die Waffe wegzunehmen. Dabei hatte sich ein Schuss gelöst und Margit Sörensen getroffen. Sie war wie ein Stein umgefallen, ohne einen Laut von sich zu geben. Sie musste sofort tot gewesen sein, denn als er unmittelbar danach ihren Puls fühlen wollte, hatte er nichts mehr feststellen können. Er war so schockiert gewesen, dass er nicht mehr gewusst hatte, was er tun sollte. In seiner Verzweiflung hatte er die Frau mit seinem Jagdmesser in kleine Teile zerlegt, die er, ohne Verdacht bei seinen Nachbarn zu erregen, in seinen Jeep laden konnte. Noch in derselben Nacht hatte er sie von der Brücke aus in den Hochwasser führenden Darling geworfen. Damit man die Teile nicht identifizieren konnte, hatte er die Finger- und Zehenspitzen sowie die Nasenspitze und die Ohrmuscheln abgeschnitten und die Teile am nächsten Tag in seinem Garten – dort, wo er auch seine Jagdabfälle zu entsorgen pflegte – vergraben. Dann hatte er die Wohnung gründlich geschrubbt und danach noch einmal von einem professionellen Reinigungsteam säubern lassen.

Die Polizei fand an der angegebenen Stelle die fehlenden Leichenteile.

In dem Prozess, der ein halbes Jahr später begann, plädierte die Verteidigung auf »verminderte Zurechnungsfähigkeit« während der Tat, weil der Täter zu diesem Zeitpunkt unter starkem Alkoholeinfluss gestanden habe. Außerdem legte sie dar, dass es sich in diesem Fall nicht um Mord, schon gar nicht um einen geplanten, sondern um einen Unfall gehandelt habe, also nur Totschlag sein konnte.

Die Anklagevertretung sah den Fall völlig anders. Sie ging von vorsätzlichem Mord aus. Weder der Alkoholkonsum noch die Geschichte mit dem Unfall sei im Nachhinein beweisbar. Dies alles sei nur eine Schutzbehauptung des Angeklagten. Die Entstellung der Getöteten, die eine Identifizierung vereiteln sollte, sowie das Zerlegen der Leiche stellten nicht nur einen Akt von Brutalität dar, sondern zeigten auch, dass der Angeklagte ganz gezielt und überlegt gehandelt habe.

Die Geschworenen schlossen sich der Argumentation der Staatsanwalt an und das Gericht sprach eine lebenslängliche Haftstrafe aus. Dem Angeklagten wurde nur sein sofortiges Geständnis als strafmildernd angerechnet.